블루 오션
지구의 해양환경과 탄소중립

블루 오션
지구의 해양환경과 탄소중립

초판 1쇄 인쇄 2025년 6월 30일
초판 1쇄 발행 2025년 7월 9일

지은이 김기태
발행인 김희영
펴낸곳 희담
편집 박찬규, 김희영
디자인 신미연

등록 제396-2014-000130호
주소 10909 경기도 파주시 번뛰기길, 23-21, 401호
도서문의 070-7856-7720 / 팩스 070-7856-7720
전자우편 mignon5@naver.com
블로그 http://blog.naver.com/heedampublisher
ISBN 979-11-958794-6-5 03450

※ 책값은 뒤표지에 있습니다.

블루 오션

지구의 해양환경과 탄소중립

김기태 지음

희담

머리말

아름다운 바다를 지키기 위하여

바다는 인류의 근원이다. 원시 지구에서 가장 먼저 물이 생겼으며, 오랜 세월 동안 수증기에서 만들어진 물방울이 모여 거대한 바다가 되었다. 무한한 시공간의 역사 속에서 오늘날과 같은 대양이 형성된 것이다. 이러한 지구 역사에서 생명이 탄생했다.

지구에서 가장 중요한 기능을 하는 것이 바다이고 물이다. 바다는 지구의 안위와 인류의 생존을 결정짓는 환경을 이룬다. 지구라는 환경 속에 인류의 터전이 있다. 물은 인간의 환경과 생리적 작용에 절대적이어서 생멸을 지배한다. 물은 무색, 무취, 무미한 H_2O에 불과하지만, 그 유연성과 화학적 결합성은 무궁무진하다.

바다의 표면적은 지구 전체의 71%를 차지하며, 해양 생물의 바닷속 생활 공간은 육상의 약 300배에 달한다. 실제로 물로 뒤덮여 있는 지구는 '수구(水球)'라고 불러도 과언이 아니다. 최초의 우주비행사 가가린이 우주에서 '지구는 푸르다'라고 한 말은 지구가 바다로 뒤덮인 행성임을 설명해 준다.

바다는 넓고 크고 시원하며 방대하다. 바다에 비해 육상은 기복이 심한 듯하지만 실제로는 평면적이다. 반면, 바다는 수평의 평면 같지만, 입체적이며 변화무쌍하여 지구의 온도, 기압, 강우량, 바람 등을 지배한다. 지사학적으로 바다는 인류에게 생명의 근원지이며, 문화와 교통 면에서도 인류를 연결해 주는 역할을 한다.

바닷물은 깊은 수심과 엄청난 수량을 가지고 있다. 따라서 같은 해역이라도 물덩이(水塊 : water mass)의 성분은 판이할 수 있다. 즉, 대양의 바닷물은 해역과 수심에 따라 동일한 수문학적 성격을 나타내지 않는다.

적도 지역 해양에서 증발한 수증기는 대기로 상승해 남극이나 북극으로 이동하여 만년설이나 빙하로 변한다. 이 수증기에는 미량의 원소들이 포함되어 있어, 빙하가 녹을 때 수중 미생물의 번식에 관여한다.

북극의 얼음물이 흘러내린 해역에는 세계 최대의 연어와 송어 어장이 형성된다. 예를 들어, 알래스카의 빙하에서 남하한 찬물은 물꽃(water bloom)을 형성하며 생물들에게 생체 촉매 작용을 한다.

　남극의 빙하에서 흘러나오는 얼음물 해역에는 약 15억 톤의 막대한 크릴새우가 서식하고 있다. 이처럼 남극과 북극의 얼음물에는 생명력을 활성화하는 다양한 미량 원소가 포함되어 있으며, 이곳을 생활 환경으로 하는 생물들에게 먹이망의 일부를 제공해 생물자원에 영향을 미친다.

　지구상에 바다는 하나뿐이다. 태평양, 대서양, 지중해, 카리브해 등으로 바다를 나누는 것은 큰 의미가 없다. 이들은 지구상에서 같은 수면을 이루며 서로 교류하며 작용한다. 다만 지역적으로 지형과 고도의 차이로 인해 바닷물이 갇히는 경우가 있으며, 이에 따라 해양 생태학적 차이와 학문적 의미가 발생한다.

　지구상 해양의 면적은 약 3억 6천만km^{2}이다. 태평양의 면적은 155,570,000km^{2}로, 지구 표면의 30%~40%를 차지한다. 대서양은 76,760,000km^2, 인도양은 68,550,000km^{2}로, 3대 해양의 면적만 해도 육지 면적보다 훨씬 크다. 대양의 수온은 지구 온도를 항상 일정하게 유지하여 인간이 살기에 적당한 환경을 제공한다.

　자연은 변하지 않는 듯하지만, 수십 년의 세월 속에서도 급격히 변하고 있다. 앞으로는 더 빠른 속도로 변화할 것이다. 지금 생태계는 급격히 바뀌고 있으며, 인간의 생활 방식도 바뀌어야 한다. 이제 우리는 새로운 길을 모색해야 한다. 가장 중요한 것은 생존을 실감하며 살아가는 것이다. 즉, 자연 생태계의 변화를 면밀하게 주시하고 순응하며 살아가야 한다.

　사람은 사람이고 자연은 자연일 뿐이다. 지구 자연은 인간이 깃들어 사는 환경이다. 그동안 인류가 과도하게 활용하면서 자연이 파괴되었다. 그 영향은 인간에게 절대적인 생존 위협으로 다가오고 있다. 모든 사람은 살면서 쾌적하고 즐거운 삶을 누릴 수 있어야 한다. 생명 자체가 소중한 존재이기 때문이다. 무엇보다 인류의 생명을 보전하기 위해서는 역병이나 자연재해에서 벗어나야 한다.

　지금까지 인간은 산업 발전을 위해서 자연을 파괴해 왔다. 오늘날 과학이 눈부시게 발전하면서 우리는 모든 것을 마음대로 다룰 수 있다는 착각에 빠져 있다. 그러나 해가 뜨고 지는 것을 인간의 힘으로 바꿀 수는 없다. 이제 우리는 자연의 일부이며 자연 현상에 순응하며 살아야 한다는 사실을 깨달아야 한다. 또한 그동안 파괴해 온 자연을 보살피고 가꾸는 노력도 함께 해야 한다.

예나 지금이나 인간은 자연 앞에서 무력한 존재일 수밖에 없다. 지구가 존재해 온 거대한 시간 앞에서 인간이 이룩해 놓은 물질문명과 과학 기술은 별것 아니다. 인간은 지구상에 잠깐 나타났다가 사라지는 존재에 불과하다. 우리는 자신의 생명이 대대손손 계속되며 후손을 통해 영원하리라는 어리석은 믿음에 취해 살아가고 있다.

현대인들은 지구가 유한한 자연이라는 사실과 시간은 수많은 세월 속에 쌓이는 과정이라는 것을 알아야 한다. 지구의 시공간은 사람의 그것과 다르다. 수학적으로 무한이라는 개념은 정의하기 어렵지만, 실제로 무한을 내포하는 극대나 극소의 실체는 존재하지 않는다. 또한 무한하고 영원하리라는 시간 개념 역시 수리적 기호에 불과하다.

지구 환경을 하나의 커다란 생태계(Ecosystem)로 볼 때, 이를 탐구하고 연구하여 현황을 파악하는 것은 지구에서 살아가는 사람들의 임무이다. 세계는 이상 기후로 인한 폭염, 폭우, 폭설, 집중호우, 태풍, 허리케인, 가뭄, 한파 등의 재난에 시달리고 있다. 생태계의 변천

과정을 이해하기 위해서는 자연과 바다를 아는 지혜로운 생활이 필요하다.

이 책은 해양 생태학의 개론적인 내용을 다루며, 『세계의 바다와 해양생물』(김기태, 2008.)의 내용을 상당 부분 인용하고 있다. 독자 여러분께 지구의 해양 생태를 여유롭게 즐길 수 있는 안내자의 역할을 했으면 한다.

출판업계의 불황에도 자연과학의 원고를 좋은 책으로 출판해 준 희담출판사의 김희영 대표님과 편집을 맡은 구름서재의 박찬규 대표님, 그리고 디자이너 신미연 님의 노고에 심심한 감사를 표한다.

2025년 6월
저자 김기태

차례

머리말 아름다운 바다를 지키기 위하여   5

CHAPTER 1
해양 생태계의 형성과 변화

원시 해양에 대하여	21
지각운동	24
지구의 기후	27
멕시코 만류	32
엘니뇨 현상과 라니냐 현상	35
바람과 해류 - 용승의 동력	37

CHAPTER 2
해양 생태계와 탄소중립

해양 생태계	43
갯벌 생태계	46
하구 생태계	49
해양의 탄소중립	52

해중림의 생태계와 탄소중립   55
해조류의 연안 양식과 탄소중립   60
열대 해역의 산호와 탄소중립   63
산호의 사멸과 산호초   68
해양오염과 백화현상   71

CHAPTER 3

북극해와 남극의 바다

북극의 바다   77
남극의 바다와 자연   86

CHAPTER 4

지중해의 해양 생태계

스페인의 바다   97
프랑스의 바다   101
이탈리아의 바다   104
아드리아해   109

그리스의 바다 112
튀르키예, 보스포루스 해협 118
이집트의 나일강 하구 120

CHAPTER 5

북해와 발트해

발트해의 자연 135
실자라인, 이동하는 섬마을 141
노르웨이의 바다와 피오르 144

CHAPTER 6

유럽 대서양의 해양 생태계

빙하의 나라 아이슬란드 153
아일랜드의 바다 161
스코틀랜드의 바다 165
영국의 바다 168

독일, 함부르크항 171
포르투갈의 바다 174

CHAPTER 7
아메리카 대서양의 해양 생태계

미국, 대서양의 자연 181
멕시코의 다양한 바다 193
쿠바의 해양 환경 195
브라질과 아마존강의 하구 200
아르헨티나의 바다 203
카리브해의 바다 208

CHAPTER 8
아프리카 대서양의 해양 생태계

카나리아 제도의 바다 217
모리타니 해역 222
남아프리카공화국 230

CHAPTER 9

인도양의 바다와 해양 생태계

미얀마	239
인도	244
몰디브	247
스리랑카	250
소말리아	253
아라비아해	255
페르시아만	259
홍해의 바다	264

CHAPTER 10

태평양의 바다 자연

대한민국, 우리나라의 바다와 자연	277
일본의 해양 생태계	293
중국의 바다 자연	311
베트남의 바다	323
필리핀의 바다 자연	326

말레이시아, 코타키나발루의 자연	333
인도네시아, 발리섬의 바다 자연	338
캄차카반도와 오호츠크해의 자연	345
베링해와 알래스카	349
미국, 태평양 해안의 자연과 문화	351

CHAPTER 11

오세아니아의 바다 자연

남반구 오세아니아의 섬과 도서 국가	365
호주 대륙의 바다와 자연	367
뉴질랜드의 바다 자연	370
하와이 군도	376
괌의 바다와 해양 생물	386
참고문헌	392
찾아보기	400
에필로그	406

CHAPTER 1

해양 생태계의 형성과 변화

원시 해양에 대하여

초기의 원시 지구는 불타는 가스 덩어리의 용광로로서 C(탄소), O(산소), H(수소), N(질소), S(황), P(인) 등 오늘날 같은 다양한 원소들의 가스 혼합체가 물체의 3태인 고체, 액체, 기체 중 하나로 존재하고 있을 뿐이었다. 그런데 이들 원소로부터 물방울(H_2O)이 생겨난 것은 지구사에서 획기적인 변화였다.

용광로 같은 환경 속에서 이렇게 물방울이 존재하는 것은 상상 밖의 일이었다. 하지만, 작은 물방울은 증발하여 원시 대기 속에 머물다가 냉각되면 빗방울의 형태로 다시 원시 지구에 떨어졌다. 원시 지구와 원시 대기 사이에서 이러한 단순한 반복이 일어남으로써 아주 조금씩 원시 지구의 환경이 변화했다.

이처럼 수증기의 증발과 강우의 상호 교환이 무한히 반복되면서 원시 지구는 조금씩 식어 갔으며, 식어가는 도중에 작은 물웅덩이도 형성되었다. 물론 이러한 물웅덩이는 증발했다가 다시 비가 되어 떨어졌다. 세월이 흐르며 강우량의 규모는 조금씩 커지고, 마침내 조그마한 실개천도 생겨났다. 조그만 실개천이 생기기까지는 수없이 많은 세월이 흘러야 했다.

일본이나 뉴질랜드의 화산 지역, 미국의 옐로스톤 또는 아이슬란드의 분화구에서 원시 지구의 옛 모습을 조금이나마 찾아볼 수 있다. 땅속에서 뿜어 나오는 뜨거운 수증기와 가스로 인하여 주변에 실낱같은 물길이 생기고, 아주 조그만 물웅덩이가 이루어지는가 하면, 세월이 흐르면서 이들이 모여 아주 작은 실개천이 이루어졌다. 이러한 실개천이 분화구 주변에는 수없이 많다. 결국, 보잘것없는 물방울이 작은 실개천이나 물웅덩이를 만들면서 원시 지구를 변화시켜 온 것이다.

지구 표면에 이러한 작은 실개천들이 수없이 생겨나면서 조그마한 시냇물을 이룰 수 있었다. 그리고 이 시냇물이 모이고 모여서 하나의 강물을 이루었다. 실개천에서부터 강물에 이르기까지 소요된 세월은 과학적으로 산출하기 힘들 정도로 길다.

무한한 세월 속에서 지구상의 강물이 모이고 모여서 하나의 커다란 물덩이(水塊) 집합체가 이루어졌다. 그리고 이러한 물이 다시 긴 세월 동안 증발과 강우가 반복되며 커다란 물의 집합체인 원시 해양의 모습을 갖추었다.

2023년 아이슬란드 리틀리 흐루트루의 화산 폭발 장면

　원시 해양은 지구와 달과의 관계에 의해 오늘날처럼 안정된 모습으로 발전했다. 오래전에는 달의 인력은 커서 달이 바닷물을 끌어당기는 힘 즉, 조력이 아주 강했을 것이고 간만의 차이가 아주 컸을 것이다. 오늘날도 조수 간만의 차이는 상당히 크지만, 예전에는 원시 달과 원시 지구의 거리가 지금의 절반밖에 되지 않았기 때문에 원시 대양의 출렁거림도 클 수밖에 없었다. 다시 말해서 바다는 아주 거친 파도의 연속이었을 것이다. 이러한 물의 요동은 오늘날의 지구 환경을 만드는 중요 환경 요인으로 작용했으며, 각종 유기물을 생성하고 생명을 탄생시키는 역할을 했다.

지각운동

 지구상에는 수많은 지진과 화산이 활동하고 있다. 지각 변동에 따른 화산재나 해일은 지구 표면에 큰 위력을 가진다. 규모가 큰 것은 지도를 변모시킬 만큼 영향력이 크며, 따라서 지구 생태계에도 변화를 불러온다.

 아시아, 북미, 남미의 해안 지대와 일본, 인도네시아, 하와이 등의 섬을 포함하여 불의 고리라고도 부르는 환태평양 조산대 4만여km에서는 아직도 거대한 불이 뿜어 나오고 있다. 최근 하와이에서 발생한 대분화나 인도네시아 발리섬의 대폭발은 아직도 활발한 지각 운동이 벌어지고 있음을 보여준다.

 아이슬란드에는 유라시아와 북아메리카 지각판이 만나는 지역이 있다. 이곳에서는 지각이 서로 밀어내는 힘으로 인해 일 년에 1cm

씩 틈이 생기는데, 세월의 흐름이 쌓여 상당히 커다란 틈을 관찰할 수 있다. 또한 이곳에서는 땅속의 마그마 활동과 멕시코 만류의 영향으로 아주 특이한 생태계를 이루고 있다.

하와이에서 두 번째로 큰 킬라우에아 화산은 2021년 9월부터 2022년 12월까지, 그리고 2023년 1월부터 3월까지 폭발하다가 그쳤다. 이곳의 용암 분출은 지구가 펼치는 장대한 불꽃놀이처럼 환상적 경관을 연출하였다. 인도네시아에는 120여 개의 활화산이 분화하고 있는데, 2017년 11월 27일 아궁 화산은 2천 미터 상공으로 대량의 화산재와 연기를 뿜어내어 한동안 이 일대의 항로가 마비되었다. 또, 캄차카반도의 지진이나 화산 활동은 불의 고리의 중심 지역 중의 하나로 주목할 만하다.

하와이의 킬라우에아 화산 폭발로 흘러내리는 용암

화산과 지진대는 지구 곳곳에 존재하며 주기적으로 또는 간헐적으로 대폭발을 일으킨다. 이러한 용암 분출 현상은 시공간적으로 간격이 크기 때문에 미리 탐사하거나 대비하기에는 오늘날의 과학 기술로도 한계가 있다.

과거에 발생한 대형 지진은 세월 속에서도 기록으로 남아 있다. 인도네시아의 탐보라 화산은 1812년에서 1815년까지 분화했고 1967년에도 대규모로 분화했다. 이 분화로 4,200m의 산 상층부 1,470m가 날아가 산의 높이는 2,730m로 낮아졌다. 이때 나온 화산재가 약 150억 톤이나 되는데, 인도네시아 전역을 뒤덮어 생태계를 변모시켰으며 인간에게는 커다란 재앙이 되었다. 이탈리아의 폼페이, 인도의 뭄바이는 지진으로 도시 전체가 매몰되었다. 백두산의 천지나 한라산의 백록담도 거대한 화산의 자취이다.

화산이나 지진은 땅속에서 쉼 없이 운동하고 있다. 이러한 지각 운동의 흐름은 세월에 따라 축적되어 대규모로 폭발하는 것이 보통이다. 지진이 발생하거나 화산이 분출하면 그 지역의 생태계는 완전히 무너지고 많은 세월이 흐른 뒤 새로운 생태계가 형성된다. 이런 지각운동은 지표면의 토양 성격을 바꾸고 기후까지 변화시키기 때문에 생태계의 변천은 불가피하다.

지구의 기후

오늘날 지구의 온난화 현상의 첫째 원인은 북극의 대기권이 이산화탄소에 의해 온실화되며 지구의 온도가 높아지는 데 있다. 온난화로 북극권에 쌓여 있던 만년설이 녹아내리면서 북극해에 항로가 개척되었을 뿐만 아니라 아이슬란드와 아일랜드 해역으로 남하한 얼음물은 북상하는 멕시코 만류와 만나면서 수량에 변화가 생겼다. 이러한 해양학적 변화는 유럽의 기후에 지대한 영향을 준다. 영불 해협은 물론 영국의 런던이나 프랑스의 브르타뉴 지방이 일 년 내내 잦은 비와 안개 속에 쌓이게 된 것도 그중 하나다.

아이슬란드의 경우는 더욱 심각하다. 멕시코 만류의 수증기가 북극의 한류와 부딪히며 마치 목욕탕의 과포화 수증기와 같은 상태가 항시 유지되고 있다. 이 지역은 북반구의 같은 위도 지역에 비교해 한대기후가 완화되어 일교차가 극히 적으며, 여름에는 뜨겁지 않고 겨울에는 혹독하게 춥지 않은 기후 특징을 나타내고 있다.

근년에는 북극의 빙하가 해빙되어 만년설의 양이 감소했다. 이에 따라 남하하는 얼음물의 수량이 여름철에는 멕시코 만류에 비해 열세를 이루게 되었고, 아프리카 사막의 뜨거운 열기까지 북상하여 이곳 기후에 영향을 미치게 되었다. 한여름의 유럽 기온은 일반적으로 온화한 편이었는데, 이런 평형상태가 깨져 폭염이 발생하는 것이

북극의 얼음, 해류 등의 이동

다. 한겨울에는 남하하는 한류가 해수의 상층을 이루고 동시에 북쪽의 한랭기류가 남하하면서 찬 기온이 겹쳐 한파가 닥친다.

겨울에는 지구 온난화 현상으로 북극의 빙하가 녹아 그린란드와 아이슬란드 사이의 바다를 통해 남하한다. 한편, 난류인 멕시코 만류는 강력한 힘으로 북상하여 부딪히게 된다. 이에 따라 해류가 상충하는 현상이 발생하며, 이는 유럽 대륙의 기후에 큰 변화를 초래한다.

해수는 기본적으로 밀도가 큰 편이고 북극에서 남하하는 얼음물은 담수이므로 밀도가 상대적으로 작다. 해수와 담수가 만나면 밀도가 낮은 담수가 해수의 상층에 깔리게 된다. 이런 현상으로 인해 기후와 기온의 변화가 생긴다. 최근 지구 온난화에 따른 기후변화는 지사학적으로도 중요한 변화를 일으킬 수 있다. 다시 말해서 한대지역이 온대지역으로 변하고 온대지역은 아열대지역으로 변화하는 것이다.

이러한 변화는 기후나 기온에 그치지 않고, 그런 환경 속에서 생존하는 생물들의 생태 변화를 가져온다. 다시 말해서 생태환경에 적응하여 사는 동식물의 종류가 바뀐다. 이에 따라 인류의 생활도 변화할 수밖에 없다. 현재 인류는 온대지방을 중심으로 안정된 주거환경을 이루고 도시와 문화를 발전시키며 살고 있다. 그런데 온난화는 해수면을 괄목할 만큼 높이고 이에 따라 태평양과 인도양의 수많은 산호초 섬은 침수가 불가피하다. 나아가 대양의 도서 국가들은 사라질 위기에 처하게 되었다. 지구상 대부분의 도시가 해안에 건설되어 있는데 이들이 침수하면 인류 생활권은 커다란 변화를 겪을 수밖에 없는 것이다. 더욱 심각한 것은 여름의 폭염이나 겨울의 혹한으로 인하여 인류의 생존 자체가 크게 위축되거나 위협받을 수 있다는 점이다.

인류는 과학 기술의 발전으로 고도의 물질문명을 누리면서 탄산가스(CO_2)의 배출을 극적으로 늘려 왔다. 땅, 하늘, 바다 할 것 없이 교통망을 구축하고 각종 산업을 극대화한 결과이다. 비행 기술의 발달로 하늘에는 비행기의 항로가 거미줄같이 발달해 있다. 항공 교통은 다량의 탄산가스를 배출하면서 지구 온실화의 커다란 요인으

지구 온난화가 우리에게 미치는 가장 큰 위협은 인류의 식량 문제이다.

로 작용한다. 하늘의 교통망뿐 아니라 지상의 엄청나게 많은 자동차, 바다의 수많은 선박은 마치 탄산가스 제조기와도 같다. 게다가 각종 공장에서 배출되는 탄산가스는 또 얼마나 많은가. 이렇게 인간의 활동으로 인해 지구의 변천에 가속도가 붙는 것이다.

지구 온난화 현상은 생물을 번성시키기도 하고 전멸시키기도 한다. 북극과 남극의 만년설과 빙하가 녹아 바다의 수면이 높아지며, 극심한 더위와 추위, 홍수와 가뭄에 커다란 영향을 미친다. 이에 따라 생태계는 급격히 변하고 있다. 지나치게 덥거나 추워 생존의 한계에 다다른 동식물은 사멸하고, 쉽게 적응하는 동식물만 번성하여 생물의 다양성이 축소된다. 이는 인류가 지구 자원을 남용한 결과이다. 산업화가 가속화되고 주거 환경이 넓어질수록, 온실가스 배출이 증가해 인류의 생존이 크게 위협받게 된다.

지구의 온난화가 인간에게 미치는 가장 큰 위협은 인류의 식량문제이다. 생태계가 파괴되면서 필요한 채소와 과일의 생산량이 감소해 절대 부족 현상이 발생하고 있다. 이러한 현상이 올해에만 국한되지 않고 해가 지날수록 심해진다면, 인류에게 미치는 영향은 대단히 클 것이다.

멕시코 만류

　　　　　　　　　　멕시코 만류는 지구상에서 가장 거대하고 강력한 해류로서 대서양 일대와 육상의 자연 생태계에 크게 영향을 미친다. 멕시코 만류가 지나가는 해역과 지역에는 기온, 비, 구름, 바람, 일조량 등에 영향을 미쳐서 기후변화를 일으킨다.

　멕시코 만류는 최대 폭이 3백 해리(550km)이고 두께는 2천m이다. 이 해류의 초당 유량은 9천만 톤이며, 유속은 5노트이다. 1513년에 유럽의 후안 폰세 데 레온(Juan Ponce de Leon)이 발견한 멕시코 만류는 바다 환경과 기후 환경을 지배하는 대단히 커다란 지사학적인 요인으로 작용하고 있다.

　멕시코 만류는 멕시코만에서 플로리다 해역으로 빠져나와 미국 동부와 캐나다 뉴펀들랜드주의 동쪽을 따라 흐르다가 서경 30℃와 북위 40℃ 근처에서 두 개의 해류로 나누어진다. 하나는 북대서양 해류가 되어 유럽 쪽으로 흐르고, 다른 하나는 아프리카 해안으로 흐르는 카나리아 해류가 된다.

그런데 멕시코 만류가 1천 년 만에 유속이 느려져서 북미와 유럽의 기온을 낮추고 있다. 유럽 쪽에서는 북극의 얼음이 대량으로 녹아 흘러내리면서 북상하는 멕시코 만류의 유속을 느리게 하고 있다.

해류의 생성은 근본적으로 지형의 경사도에 따른 해수의 이동으로 발생하며, 다른 한편으로는 기류의 이동에 따른 바람이나 염도, 온도, 밀도의 차이로 발생한다. 그밖에 용승(Upwelling) 작용으로 생성되는 해류도 국지적으로 있다.

멕시코 만류의 흐름도

멕시코 만류는 열대 해역에서 발생해 북미의 바하마 제도를 거쳐 뉴펀들랜드로 북상한다. 이 해류가 발생한 해역은 완전히 산호초의 생태계를 이루는 열대 해역이다. 따라서 열대 해역의 열대어류를 포함한 열대 생물군이 이 해류를 따라 이동한다. 북대서양의 주요 어군인 참다랑어, 날치, 대서양 연어 등은 멕시코 만류의 것과는 다르다.

멕시코 만류의 영향을 받는 노르웨이 서쪽 해역의 연평균 온도는 위도가 같은 다른 해역보다 평균 22℃ 이상 높다. 난류에 의한 기상 이변과 이상 기온 현상으로 볼 수 있다. 북위 60℃ 이상에 위치하는 아이슬란드의 수도 레이캬비크도 연중 가장 추운 달의 평균 기온이 1℃일 정도로 매우 온화하다. 멕시코 만류의 수증기가 이곳의 대기를 뒤덮어 마치 목욕탕 속과 같은 환경을 이루고 있기 때문이다.

이동하는 멕시코 만류 속의 생물은 주변 다른 환경의 생물과 다르며, 지나는 해역과 수심에 따라서 다른 해양 생태계를 형성한다. 같은 해역이라고 해도 수심, 수온, 밀도, 염도, 각종 영양염류의 농도, 해류의 강약 등의 성격에 따라서 달라질 수 있다.

엘니뇨 현상과 라니냐 현상

 엘니뇨는 바닷물의 영향으로 기온이 상승하여 이상 고온의 기후를 나타내는 현상이다. 엘니뇨 상태에서는 태평양 적도의 바람이 따뜻한 바닷물을 남미 해안으로 몰고 가기 때문에, 심층의 찬물이 용승하지 못한다. 다시 말해, 적도의 바람이 남미 연안의 수위를 높임에 따라 따뜻한 해수의 영향으로 기온이 높아지고 비가 내리게 되는 것이다.

 라니냐는 엘니뇨와 정반대로 바닷물의 영향으로 기온이 하강하여 이상 저온 상태가 되는 현상이다. 라니냐 상태에서는 바람이 표층의 바닷물을 남미의 서쪽으로 몰고 가면서 저층의 차가운 바닷물이 남미 해안을 따라 올라오게 한다. 이러한 용승 현상의 결과, 차가운 해수 온도가 기온에 영향을 주게 된다.

이러한 현상은 지구 생태계에 광범위하게 영향을 미치지는 못하지만, 멕시코 만류나 남극과 북극의 한류와 공조할 때는 파급효과로 기후에 영향을 미치게 된다.

다시 말해서 해저층의 차갑고 무거운 물이 표층으로 올라와서 상당 기간 머물 때에는 엘니뇨나 라니냐 현상이 지구의 온난화와 공조하면서 특정 지역에 기온이나 기후를 변화시키는 것이다.

바닷물은 기본적으로 수평을 이루며, 수온, 밀도, 비중에 따라 수심에 차이가 생긴다. 따라서 표층부터 저층까지 수심에 따라 해수의 성격도 달라진다. 해수는 일반적으로 수온이 4℃일 때 비중이 가장 크고 무거워서 수심 깊이 깔린다. 즉, 4℃의 해수가 가장 깊은 수심에서 물 덩어리를 이루게 된다. 이는 자연스러운 물리 현상이다. 물의 아주 작은 비중 차이 때문에 물 덩어리들은 저층에서 상층까지 무게대로 쌓이는 것이다.

조력, 햇빛, 바람, 염도, 무기염류의 함량, 수온 등에 따라 물 덩어리의 비중을 달리한 바닷물은 기본적으로 이런 질서를 유지하려고 하지만, 환경의 변화에 따라 해수의 역전 현상(inversion), 즉 물 덩어리가 뒤집히는 현상이 일어나기도 한다. 이처럼 바다는 늘 역동적으로 움직이며 달의 인력에 의해서도 조수의 간만 차이가 생겨 늘 출렁이고 있다.

바람과 해류 - 용승의 동력

사하라 사막은 바다에 막대한 영향을 미치는 강력한 바람을 가지고 있다. 사하라 사막과 접하는 아프리카 대륙의 연안은 아마존강의 하구가 대서양에 미치는 영향만큼이나 커서 해양 생태계 변천의 큰 요인으로 작용한다.

사하라 사막에 내리쬐는 태양의 열기는 기압이 되어 바다로 확산한다. 동풍(Vent d'Est =Teliye)이라 불리는 이 바람의 힘은 대단히 강력하다. 특히 3월에는 더욱 강력하게 불어서, 인접 해안의 표층수를 원양으로 밀어내고 표층의 공간에 대서양의 심층수를 채워 준다. 이렇게 바람은 표층수와 심층수가 이동하는 순환의 원동력으로 작용하며, 생태학적으로는 용승 현상으로 연결된다.

표층수를 원양으로 밀어내고, 심층수가 상승하여 수평면을 유지하기 위하여 이동하는 과정에서 저층수 속에 풍부해지는 염류로는 인산염(P-PO$_4$), 질산염(N-NO$_3$), 아질산염(N-NO$_2$), 규산염(Si-SiO$_4$) 등이 있다. 이 영양염류는 표층으로 용출되어 식물성 플랑크톤의 폭발적인 증식을 유도한다.

광합성 작용이 최적 상태에 있는 얕은 바다 밑에는 녹색말 군락이 번성하여 저층을 완전히 초원으로 만든다. 녹색말이 빽빽하게 밀생하여 바다색도 검푸르다. 무진장한 대서양의 영양염류가 용승으로 자동 조달됨으로써 해저 초원, 즉 해중림을 형성하기 때문이다. 녹색말 군락이 물고기의 아파트 역할을 할 뿐만 아니라, 산란지와 최적의 생활 장소로 활용되는 것이다.

사하라 사막이 존재하는 한 모랫바닥에 작렬하는 뜨거운 열기는

사막에서 바다로 불어오는 뜨거운 바람은 바다의 용승 현상을 일으켜 해양 생태계의 변화를 가져온다.

강풍으로 변하여 바다로 끊임없이 불어닥친다. 이 바람에 의해 심층 해수의 막대한 영양염류가 용출되고 끊임없이 용승 현상이 일어나 플랑크톤과 녹색말이 폭발적으로 증식한다. 이러한 현상은 먹이 연쇄를 만들어 풍요로운 해양 생태계를 형성한다. 해류가 있을 때는 각종 어류의 알, 치어 또는 고운 모래알이 전체 물 덩어리 속에 가득하다.

 간만의 차이는 상당 부분의 바다에 펄을 형성한다. 펄에는 용승에 따른 영양염류의 축적, 서식 생물의 잔해, 해조류 등의 퇴적물이 20cm~30cm 두께의 진 수렁이 만들어진다. 이곳이 비료 창고 같은 역할을 하며 그 위에는 조개류나 게 등의 어류가 번성하여 뒤덮이게 된다.

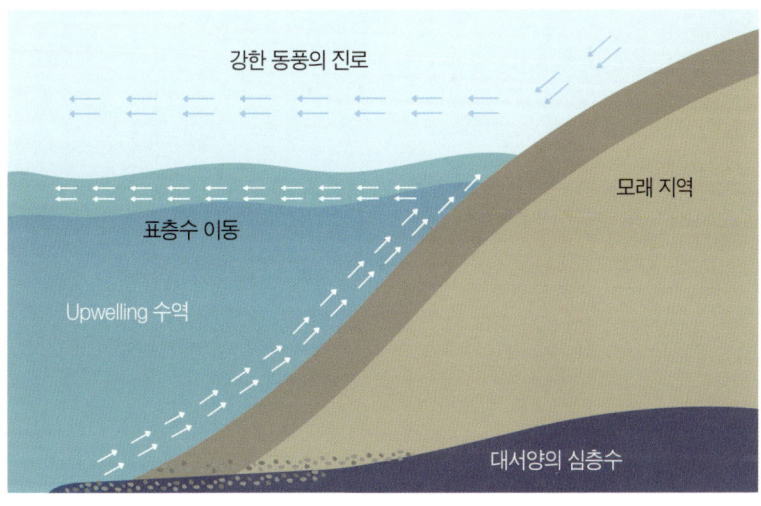

방다르갱 해변의 용승 현상 작용도

CHAPTER 2

해양 생태계와 탄소중립

해양 생태계

　　　　　　　　　　　바닷물 속에 자생하는 생물의 성격과 종류에 따라서 해양 생태계를 분류할 수 있다. 바닷물은 일정한 양의 염분을 지니는데, 염분의 농도는 수역마다 상당한 차이를 보이며 변화한다. 따라서 태평양과 같은 대양과 사해의 염도는 대단히 큰 차이를 보이며 생물이 자생하는 환경도 전혀 다르다. 해양 생태계의 차이를 만드는 몇 가지 요인을 열거하면 다음과 같다.

　첫째, 햇빛에 따라 생태계가 다르게 형성된다. 표층의 물속에는 햇빛이 잘 투과되어 해양 식물이 광합성을 하는 데 부족함이 없지만, 수심이 깊어질수록 투과되는 빛의 양은 점점 적어진다. 100m~200m까지는 생물이 사는 데 별 어려움이 없으며 500m~600m에 이르면 빛이 거의 투과되지 않아 무광선층(aphotic zone)을 이룬다. 따라서, 같은 해역이라고 해도 수심에 따라서 생물이 살아가는 환경이 전혀 다르며 바다가 깊어지면 거의 생물이 생존할 수 없는 환경이 된다.

둘째, 바닷물은 수심에 따라 압력의 차이가 나타나며 생물의 서식 환경이 달라진다. 10m에 1기압씩 높아져, 수심 100m면 10기압이 되고 수심 1,000m이면 100기압이 된다. 10,000m인 경우는 1,000기압의 압력을 받는다. 특수한 기능을 지니지 않았다면 높은 압력 속에서는 물리적으로 생물이 생존하기 어렵다. 따라서 심해 환경은 아주 독특한 생태계를 이룬다.

셋째, 해수의 온도에 따라서도 생태계는 달라진다. 해수의 온도는 큰 변화가 없지만 실제로 1℃~2℃ 차이만으로도 물 덩어리의 성격은 완전히 달라지며, 이런 차이 속에 사는 생물은 각기 다를 수밖에 없다. 물론 남극과 북극의 한대 해역과 온대 해역, 열대 해역의 해수 온도는 다르고 사는 생물도 다르다. 같은 해역이라고 해도 수심에 따라 수온의 변화가 명확해서 생태계도 달라진다.

다섯째, 염도에 따라서도 생태계는 달라진다. 같은 바다라고 해도 태평양처럼 큰 바다에는 지역적 성질이 다양하고 염도도 다양하다. 염도는 생물이 살아가는 데 매우 중요하며 부력으로 작용하기도 한다. 그리고 천해성 생물과 심해성 생물은 종류와 환경이 다르다.

여섯째, 바다가 광역성인가 폐쇄성인가에 따라서도 생물의 생존 환경은 달라진다. 이는 회유하는 어류에게 중요한 환경 요인으로 작용한다. 다시 말해, 해수의 유동이나 순환이 원활한 바다와 닫혀 있는 바다는 전혀 다른 생태계가 형성된다.

해양 생태계를 좌우하는 요인은 이 밖에도 수없이 많다. 위도에 따른 생태계의 차이를 비롯하여 해류, 바람, 지형에 따라 각기 다른 생물환경이 조성된다. 바닷물이 함유한 각종 원소의 성질에 따라서도 생태계가 달라질 수 있으며, 해역이나 수심에 따라 다양한 생물들이 복잡한 해양 생태계를 이루게 된다.

갯벌 생태계

바다와 육지의 접경지대를 조간대라고 하며, 암반 조간대, 모래사장 조간대, 진흙 펄 조간대가 있다. 다시 말해서 해변은 갯벌, 모래, 자갈 또는 암석으로 이루어져 있다. 바다와 육지가 만나는 지역의 위도에 따라, 또는 대륙이냐 섬이냐에 따라 조간대의 성격이 다르고 다양하다.

간만의 차이가 대단히 큰 백령도의 해안은 규조토 해안이다. 규조류의 잔해로 이루어진 규조토는 규소의 단단한 입자들이 쌓인 것으로, 지반이 아주 단단하여 비상시에는 비행기가 이착륙할 수 있을 정도다.

갯벌의 생태계는 매우 독특하다. 바다의 지형과 성격에 따라 펄의 형성이 다르고 생태계도 다르다. 펄의 성격은 해양 미생물인 식물 플랑크톤이나 규조류의 생성, 사멸과 관련이 있다. 해양 미생물이 왕성하게 서식하다가 죽은 뒤 퇴적되어 이루어진 것이기 때문에 갯벌은 지구 역사와도 밀접한 관계가 있다.

몇 미터씩 펄이 쌓여 이루어진 갯벌은 지구의 지나온 역사를 그대로 보존하고 있다. 수십억 년 또는 수억 년 전에 쌓인 펄들에는 당시에 서식하던 생물의 흔적이 고스란히 남아 있다. 동시에 지구가 그 당시 지녔던 대기 환경 즉, 산소와 탄산가스 등 여러 종류 가스의 존재도 알아낼 수 있다. 이런 퇴적층에서는 미생물뿐만 아니라 여러 가지 갯벌 생물의 존재도 찾아볼 수 있다.

세계적으로 이탈리아의 베네치아 해안, 독일 북쪽의 북해 갯벌, 우

광대한 갯벌에 펼쳐진 갯지렁이 구멍

리나라의 서해안 등은 광활한 갯벌 평야를 이루고 있다. 이러한 곳에서는 갯벌 미생물의 왕국이 펼쳐지며, 광합성 작용이 왕성하게 이루어져 탄산가스를 많이 흡수함에 따라 탄소중립의 가치도 지닌다.

서해안에는 강화도를 비롯하여 영종도, 대부도, 제부도 등에 넓은 갯벌이 형성되어 있다. 갯벌에는 무수히 많은 작은 구멍들이 있다. 이러한 구멍이 바로 저서생물이 살아가는 터전이다.

이곳에서는 게딱지, 갯우렁, 바지락, 백합, 대합, 홍합, 피조개, 맛조개, 개불, 새우, 굴, 낙지, 주꾸미, 짱뚱어, 갯지렁이 등이 해양 생물의 세계를 펼치고 있다. 이뿐 아니라 청각, 파래, 미역, 다시마, 해태, 우뭇가사리 등 해양 식물도 종류가 많다. 이들은 각기 갯벌의 한 기능을 담당하고 있으며, 사람들에게는 식품으로 영양을 제공하고 있다.

하구 생태계

브라질은 북위 5℃에서 남위 34℃에 이르기까지 약 4,000km에 이르는 거대한 해안을 대서양과 접하고 있다. 이 해안은 적도 수역에서 온대 수역에 이르기까지 다양한 해양 성격을 내포하고 있다. 이 해역에는 아마존강과 라플라타강의 하구 지역을 제외하면 대서양의 해수에 영향을 줄 만한 외적 요인이 거의 없다.

아마존강의 하구에서는 막대한 담수량이 유입된다. 이 강의 담수가 대서양으로 유입될 때의 수문학적 영향력은 매우 크다. 하구로 운반되어 퇴적되는 모래와 토양은 해안의 지형까지도 변화시킨다. 연안에서 400km~500km 정도 떨어진 원양에 이르기까지 비교적 얕은 해역을 이루고 있다. 아마존강의 영향은 브라질 북부 해안의 완만한 적도 수역에서부터 남위 5℃ 사이의 동서 방향 해역까지 미친다. 이 해역에서 방대한 기수역이 형성되면 담수 생물과 해수 생물은 치열하게 적응 또는 사멸하여 새로운 생태계를 이룬다. 생물학적 다양성이 크고 생산성이 괄목할 만큼 큰 수역이다.

라플라타강의 하구역은 아르헨티나 마르델플라타시의 인근에 있으며 상당히 커다란 담수 영향력을 대서양에 미친다. 이 강의 유역 면적은 약 310만km^2이며 하구의 강폭은 10km 정도로 넓지만 대부분 수심이 아주 얕으며 담수 생물과 해양 생물이 공존하는 전형적인 기수 생태계를 이루고 있다.

아프리카의 나일강도 수량이 많고 우기에는 범람하기로 유명한 강이었다. 내륙에 쏟아진 빗물은 토양의 영양염류를 휘몰아 알렉산드리아시가 있는 지중해로 유입시킨다. 그 결과로 하구역에서는 상습적으로 적조 현상이 일어나 바닷물을 붉게 물들이곤 했지만, 아

아르헨티나 라플라타강의 하구역을 위성에서 찍은 사진

스완 댐이 건설되면서 홍수를 조절할 수 있게 됐다.

지구상에는 수많은 하천이 하구 지역에서 바다와 만나고 있다. 대하인 경우에는 그 영향력이 막대하다. 북미의 미시시피강, 아시아의 양쯔강과 황허강, 유럽의 라인강과 다뉴브강 등이 하구에서 바다를 만나 커다란 기수 생태계를 이룬다.

이런 기수 역에서는 내륙의 토양에 포함된 영양염류뿐 아니라 토양이 지닌 독특한 성분도 함께 유출되기 때문에 퇴적층이 발달한다. 부영양화 현상에 따라 식물 플랑크톤이 물꽃 현상을 일으키고, 동물 플랑크톤도 번식하여 먹이사슬을 만듦에 따라 생물 다양성이 커지게 된다.

해양의 탄소중립

지구 면적의 71%는 해수면으로 덮여 있다. 대기의 탄산가스는 해수면을 통해 해양에 용해된 상태로 존재한다. 바다는 탄산가스뿐만 아니라 용존 산소, 용존 암모니아 등 다양한 대기의 가스를 받아들여 용해한다. 바닷물은 과포화 상태가 되면 이러한 가스를 대기로 방출하기도 한다. 이것이 바로 바다와 대기의 가스교환이다.

대륙붕의 수심 200m 이내 물속에서는 식물 플랑크톤이 왕성하게 번식하면서 이 용존 탄산가스를 사용한다. 해조류는 광합성을 통해 이를 탄소동화작용의 산물로 전환한다.

해중림이 번성한 지역에서는 탄산가스의 이용이 활발하게 이루어지며, 이는 탄소중립에 이바지하여 자연적인 균형을 유지하게 한다.

식물 플랑크톤, 해중림, 해조류 양식, 산호초 등은 바닷물의 이산화탄소를 끊임없이 흡수하여 탄소중립을 실현한다. 특히 우리나라에서 김, 미역, 다시마, 톳과 같은 해조류를 대량으로 생산함으로써 탄산가스의 양을 줄이고 탄소중립에 크게 이바지하고 있다.

이러한 자연 평형을 방해하는 것 중 하나가 해양오염이다. 극심한 부영양화, 백화현상, 적조현상, 산호초 사멸과 함께 비닐, 플라스틱 등의 생활 쓰레기들이 바다를 오염시킨다. 예를 들어 태평양의 하와이와 북미 대륙 사이에는 거대한 플라스틱의 쓰레기 섬이 있다. 이 수역에는 해양 생물이 생존하기도 힘들 뿐 아니라 이곳의 수산물을 섭취했을 때는 환경호르몬 등의 부작용이 있을 수 있다. 탄소중립이 깨지고 해양 생물이 사멸하여 바다의 사막화가 진행되고 있는 곳이다.

이산화탄소의 배출은 동식물의 호흡, 화석연료를 사용하는 발전소, 산업체를 비롯해 자동차, 비행기, 각종 가전제품 등에서 대기로 막대하게 배출되고 있다. 오늘날 지구에 인류가 번성하면서 이산화탄소의 배출량이 많이 증가하고 있다. 이산화탄소를 수용하여 자연 평형을 이룰 수 있는 자정 능력은 이미 상실되었다. 다시 말해서 탄소중립이 깨진 상태이다.

적체된 탄산가스는 지구 온난화 현상으로 나타나 기후변화를 일으킨다. 폭염, 폭우, 태풍, 집중호우, 폭설, 강추위 등이 예고 없이 나타나고 이에 따른 기후 재난이 곳곳에서 발생하고 있다. 때로는 그 규모가 막대해서 인류의 생존까지 위협할 지경이다.

탄산가스의 과잉 배출로 인한 지구 온난화로 세계 도처에서 기후 재난이 발생하고 있다.

 자연 평형, 즉 탄소중립을 이루기 위해서는 탄산가스를 수용하는 녹색식물을 증가시키는 것이 중요하다. 산림, 공원, 숲의 식물은 물론 식물 플랑크톤의 번식, 해중림 보호, 해조류 양식 등 바다 녹화 운동의 실천이 중요하다.

해중림의 생태계와 탄소중립

　　　　　　　　　　　　　　　육지에 여러 종류의 숲과 원시림
이 존재하듯이 바닷속에도 해조류가 숲을 이룬다. 이를 해중림이라
고 하며, 커다란 생태계를 이룬다.

　아프리카의 희망봉 근처 해역은 해중림(海中林)이 절경을 이룬
다. 남아프리카공화국의 대서양 쪽 방대한 해역에는 대형 갈조류
의 해중림이 형성되어 있다. 이곳 해중림의 주종은 바다대나무(sea
bamboo)인 감태(Ecklonia)류, 부채다시마(split-fan kelp)류, 그리고 블래
더켈프(Bladder kelp, macrocystis) 등이 있다.

　이곳에 해중림이 형성된 것은 거대한 인도양과 대서양의 해류가
마주치면서 끊임없이 용승(upwelling) 현상이 일어나 해조류에 충분
한 영양분을 공급하기 때문이다. 이렇게 희망봉 일대의 해역은 해조

류가 폭발적으로 증식할 수 있는 여건을 지니고 있다. 이렇게 자란 해조류는 수표면에 커다란 군락을 이루며 떠다닌다. 해중림으로 인하여 좋은 어장도 형성되어 있다.

해중림은 남아프리카공화국의 희망봉 해역뿐만 아니라 대서양 쪽의 해안에도 널리 분포되어 있다. 필자가 이 해역의 해황을 관찰한 바에 따르면, 두 대양의 물 덩어리가 부딪혀 해양학적으로 장관을 이루는 가운데, 해조류 군락이 대단히 아름다운 자연경관을 이루며 떠다닌다.

해중림의 특수한 예로 북아메리카 동쪽에 있는 사르가소해(Sargasso Sea)를 들 수 있다. 이 바다의 이름은 대형 갈조류인 모자반(*Sargassum natans*, *S. fluitans*)이 바다를 가득 메우고 있어서 붙여졌

육지에 숲과 원시림이 존재하듯이 바닷속에도 해조류가 숲을 이룬다. 사진은 스웨덴 로데보 지방 피오르 해안의 해조류

다. 사르가소해는 해안선을 가지지 않는데, 북대서양의 방대한 해역에 네 개의 거대한 해류가 공조하여 소용돌이를 만들고 있는 아주 특수한 바다이다. 모자반의 번성은 선박의 출입조차도 어렵게 만들 정도다. 얕은 바닥에서 해수면에 이르기까지 왕성하게 서식하고 있음을 알 수 있다.

지부티는 프랑스가 통치했고 매우 더운 기후를 지닌 나라로 홍해와 연결된 아덴만 해역에 접해 있다. 이 해역에서는 열대성 갈조류인 유케마(*Eucheuma*)류가 해중림을 이루고 있다. 유케마의 성장 속도는 매우 빨라서 대량 채취하여 지역 특산물로 활용하고 있다.

프랑스는 1956년 알긴산보다 훨씬 질이 좋은 카라기난을 생산하기 위하여 영불 해협의 보트(Baupte) 지역에 카라기난 공장을 세우고 지부티에서 유케마를 대량 생산하기 시작했다. 해조류의 생활환(life cycle)을 과학적으로 잘 활용했기 때문에 가능했다.

독도의 해중림에 서식하는 생물을 살펴보면 다음과 같다. 먼저 갈조류인 대황과 감태가 빽빽하게 바다 숲을 이루고 있다. 생태적으로 대황과 감태는 극상(climax)을 이루고 있으며, 절대적인 우점종으로 자리 잡고 있다. 이 두 종류의 해조류는 이 해역이 서식의 최적지임을 보여준다. 독도 해역의 천연기념물인 대황과 감태 외에도 갈조류인 모자반, 미역, 다시마 등이 함께 서식하고 있다. (『세계의 바다와 해양 생물』, 김기태, 2008)

영어로 바다 참나무(sea oak)라고 부르는 여러 해살이 해조류 대황은 미역과에 속하는 갈조류로서 독도의 천연기념물이다. 대황은 해수가 가장 낮아지는 저조선부터 수심이 점점 깊어지는 수역에 이르기까지 서식한다. 길이는 1m~2m로 바위 위에 뿌리를 내리고 산다. 대황은 대군락으로 자생하는데, 식용으로 사용되며 알긴산을 추출한다.

감태(Ecklonia cava, Kjellman)도 미역과에 속하는 갈조류로서 대황과 유사한 모습을 하고 있으며 생육 환경도 비슷하다. 감태는 영어로 '바다 트럼펫(sea trumpet)' 또는 '바다 대나무(sea bamboo)'라고 부르는데, 수심 10m 정도의 해저 바위에 뿌리를 내리고 자란다. 다년생 해조류로서 길이는 보통 1m~2m이지만 수심이 깊은 곳에서는 3m까지도 자란다. 감태 역시 밀생을 하며, 생체량이 1m^2에 10kg~20kg 정도다. 우리나라의 남해안, 제주도, 일본의 규슈 등에 서식한다.

미역과(Alariaceae)에는 미역, 넓미역, 곰피, 감태, 대황 등이 속해 있다. 미역은 알칼리성 식품으로서 칼륨 성분이 많이 들어 있다. 우리나라에서는 산모가 미역국을 많이 먹는데 산후의 여러 가지 피로소와 노폐물을 원활하게 배설하는 데 도움을 주기 때문이다.

다시마(Laminariaceae)과에는 다시마, 구멍쇠 미역, 쇠미역, 개다시마 등이 있다. 다시마는 1m~4m 길이까지 자라며, 폭은 20cm~30cm 정도이고, 엽체의 두께는 3mm 정도이다. 그러나 물속의 암반에 부착된 줄기는 3cm~12cm에 불과하다. 점심대에서 대군락을 이루고, 알긴산의 원조이며 미역과 대동소이한 생태 환경을 지닌다.

모자반(Sargassaceae)과에는 구슬모자반, 잔가시모자반, 쌍발이모자반, 괭생이모자반, 고사리모자반, 큰잎모자반, 알쏭이모자반, 꽈배기모자반, 짝잎모자반, 톱니모자반, 톳, 모자반 등 다양한 종이 있다. 톳과 모자반(*Sargassum fulvellum*)의 엽체는 식용으로 사용한다. 모자반의 몸체는 뿌리, 엽체, 기포, 생식기 등으로 나뉜다.

독도 해역에는 해류의 흐름에 따라 모자반류가 대량으로 부유하고 있으며, 꽁치 떼는 모자반의 엽체 위에 알을 낳아 번식한다. 그런데 이 시기가 공교롭게도 괭이갈매기의 번식기와 일치해 꽁치의 알은 괭이갈매기 새끼의 먹이로 공급된다.

제주도의 문섬 해역에도 해중림이 번성하여 장관을 이룬다. 이곳의 해중림은 해양 관광자원으로 개발되어 명성을 날리고 있다. 해중림이 형성되는 것은 그 해역이 생육조건에 알맞기 때문이다. 구로시오(黑潮) 해류의 영향으로 풍부한 영양염류가 조달되어 바다 숲이 이루어진 것이다.

오늘날 해조류 양식은 목적에 따라 마치 채소밭을 가꾸듯이 미역과 해태 등을 생산해 낸다. 해중림이 필요한 해역에서는 인공으로 조림하여 대형 해조류 숲을 조성한다.

해조류의 연안 양식과 탄소중립

해조류의 천해양식은 탄소중립에 도움이 된다. 우리나라의 경우, 김, 미역, 다시마, 톳이 대대적으로 양식된다. 그 규모가 대단히 커서 생산량 또한 많다. 해태, 미역, 톳 등은 건강식품으로 국제적으로 주목받고 있으며 특히 탄소중립과 관련하여 관심을 끌고 있다.

해조류들이 해양 탄소중립에 이바지하는 것은 해수면이 대기 중의 탄산가스를 흡수하여 광합성을 하기 때문이다. 그 결과 막대한 양의 동화 산물을 생산해 냄으로써 탄소중립에 공헌하고 있다. 해조류 생산에서 가장 중요한 것은 해조의 생활환(life cycle)을 연구하여 종묘를 확보하는 것이다. 이는 해양 생산의 기본이며, 종묘 생산에서 수확까지 단계별로 여러 가지 공정이 있다.

양식 해조류인 김, 톳, 미역, 다시마 등은 좋은 해양 식품으로 평가받고 있다. 갈조류의 끈적끈적한 점질 성분을 알긴산이라고 하며, 이 성분은 대장을 통과할 때 장관에 붙어있는 노폐물을 흡수하여 배설시키는 기능을 한다. 또한 혈관의 피를 맑게 하며 혈액순환을 원활하게 한다.

김, 미역, 다시마 등은 오늘날 고에너지 식품을 주로 섭취하는 사람들에게 훌륭한 다이어트 식품일 뿐만 아니라, 성인병 예방에도 크게 이바지하는 해산 식품이다.

미역과 다시마는 우리나라 남해안에서 대량 생산된다. 천해양식은 바닷물을 정화하는 데 도움을 주며, 탄소중립을 실천하는 좋은 방법이다. 우리나라는 천해양식이 세계적으로 가장 활발하게 이루

해조류 양식은 탄소중립에도 도움이 된다. 사진은 완도에서의 미역 채취 장면

어지고 있으며, 이는 탄산가스 배출량을 획기적으로 줄이는 데 이바지하고 있다.

　중국의 진시황은 불로장생을 위해 신하들에게 불로초를 구해오라는 명령을 내렸다. 이들 중에는 제주도에서 미역, 다시마, 톳을 채취해 가져간 이들도 있었다. 진시황은 이 해조류를 즐겨 먹으며 불로초라고 믿었다는 이야기가 전해진다.

열대 해역의 산호와 탄소중립

바다에서 광합성량을 실험할 때는 방사선 동위원소를 사용해 물속에 용존 탄산가스양을 측정하고, 일정 시간 동안 광합성 식물이 탄산가스를 얼마나 사용하였는가를 가지고 동화산물을 측정한다. 이 실험은 탄소중립과도 밀접하게 연관되어 있다. 바닷물에 용해된 용존 탄산가스가 광합성 작용에 얼마나 사용되고 있는지를 실험하는 것이다. 산호초 생태계에서도 탄산가스가 얼마나 사용되어 고체화되는지 연구하는 것이다. 이러한 연구는 바다가 탄소중립에 얼마나 큰 역할을 하는지 보여준다.

산호초의 해양 생태계는 대단히 많은 해양 생물의 서식지이자 아름다운 해양 경관을 연출하는 무대이다. 카리브해의 산호초와 몰디브 해역의 산호초가 그 예이다.

열대 해역은 산호초의 서식처로, 수많은 열대 생물의 생활 터전이자 이산화탄소를 흡수하는 주요 장소이다. 이 과정에서 산호초의 섬들이 형성되며, 기체 상태인 이산화탄소가 흡수된 뒤 고체상태로 바다에 저장된다. 이러한 작용은 몰디브 같은 산호초 국가와 남태평양의 수많은 도서 국가를 형성하게 했다. 이는 탄소중립이 잘 이루어진 결과이며, 지구의 자연 평형이 유지된 결과이다.

바닷물에는 방대한 양의 규소가 들어 있다. 그래서 해양에서는 규조류(돌말)가 가장 많은 생체량(biomass)을 가진다. 이처럼 열대 바다에서 번식하는 해면동물로는 실론스펀지(Ceylon sponge), 베리스펀지(Berry sponge), 배가본드스펀지(Vagabond sponge), 모자이크스펀지(Mosaic sponge), 샌디스펀지(Sandy sponge), 옐로스펀지(Yellow sponge),

몰디브의 산호초 섬

동굴스펀지(Cavern sponge), 니플드스펀지(Nippled sponge), 조각스펀지(Sculptured sponge), 시클리스펀지(Sickly sponge), 잎사귀스펀지(Foliate sponge) 등 50여 종류가 있다. 또, 칼슘분의 산호로는 노란방해석스펀지(yellow calcite sponge), 차고스방해석스펀지(chagos calcite sponge) 등의 종류가 있다. 산호초를 만드는 해면동물문의 종으로는 열대 해역과 온대 해역 전체에 15,000여 종이 알려져 있다.

자포동물문(Cnidaria)으로 산호초를 이루는 것은 약 9,000여 종이 있다. 분홍수산호(Pink hydrocoral), 평편오각산호(Flat-sided five coral), 섬세한불산호(Delicate fire coral), 뾰족흑산호(Spiky black coral), 이파리흑산호(Frondly black coral), 청산호(Blue coral), 오렌지파이프산호(Orange pipe coral), 인도당근산호(Indian carrot coral), 칼날가죽산호(Blades leather coral), 버섯가죽산호(Mushroom leather coral), 긴폴립가죽산호(Long polyp leather coral), 오렌지뾰족연산호(Orang spiky soft coral), 부드러운바다부채산호(Smooth sea fan), 줄무늬폴립바다부채산호(Striped polyp sea fan), 미세망바다부채산호(Fine meshed sea fan), 오렌지바다채찍산호(Orange sea whip), 굽이치는산호(Meandering coral), 바늘산호(Needle coral), 암술산호(Pistillate coral), 격자산호(Lattice coral), 깔끔한산호(Neat coral), 노지산호(Nosey coral) 등이 돌과 바위의 산호초를 만들고 있다.

산호초에 서식하는 각종 열대 어류는 다양하고 아름다운 빛깔을 띤다. 이런 어장 환경은 먹이망을 이루며 상어와 고래 및 다양한 저서성 어류를 서식하게 한다. 몰디브 해역에 서식하는 어류는 약 1,200종이 기록되어 있으며 미기록종까지 합치면 1,500종 이상이 서식할 것으로 추정된다. 이 해역에 서식하는 10대 어류로는 망둥이류(Gobies), 놀래기류(Wrasses), 농어류(Groupers), 자리돔류(Damselfishes), 도미류(Snappers), 동갈돔류(Cardinal fishes), 곰치류(Moray eels), 청베도라치류(Blennies), 나비고기류(Butterfly fishes), 양쥐돔류(Surgeon fishes) 등이 있다(『세계의 바다와 해양 생물』, 김기태, 2008.).

태평양에는 다양한 지형과 수많은 섬이 존재한다. 이곳의 생태 환경은 매우 다양하며, 특히 적도를 중심으로 산호의 활발한 생육이 이루어지고 있다. 이는 탄산가스를 흡수하는 탄소중립의 현장이자 수많은 산호초 도서 국가들의 터전이다. 태평양의 열대지역에 있는 섬들은 산호초와 밀접한 관련이 있다.

예를 들어, 솔로몬 제도는 여섯 개의 큰 섬과 900여 개의 작은 섬들로 이루어진 국가로, 국토 면적은 29,000km²이다.

피지는 332개의 섬으로 구성된 나라로, 대부분의 섬이 화산 활동으로 형성되었으며 총면적은 18,274km²이다. 이들 섬 중 3분의 1은 무인도이며, 주요 산업은 수산업으로, 특히 참치잡이의 기항지 역할을 한다.

인도네시아는 태평양 열대 해역에 있는 13,700여 개의 섬으로 구성된 나라로, 면적은 약 1,905,000km²에 달한다. 필리핀은 7,107개의 섬으로 이루어져 있으며, 많은 산호초 섬이 있다. 또한 프랑스 자치령인 누벨칼레도니섬을 중심으로 한 로열티 제도와 체스터필드 제도에도 많은 섬들이 산재해 있으며, 이들 지역은 남태평양의 중요한 교통 요지이다.

태평양에서 주로 산호초로 이루어진 작은 도서 국가로는 사모아($2,944km^2$), 키리바시($811km^2$), 통가($748km^2$), 미크로네시아($702km^2$), 팔라우($458km^2$), 마셜($181km^2$), 나우루($21km^2$), 바누아투($12,000km^2$), 투발루($26km^2$) 등이 있다.

그러나 하와이나 솔로몬 제도 및 피지의 비교적 큰 섬들은 화산으로 형성되었지만, 그 외 수많은 작은 섬들은 산호초 섬이다. 마리아나 열도에서 제일 큰 섬인 괌은 $549km^2$이고, 사이판은 $119km^2$이다. 이러한 섬들은 그 면적에 맞는 다양한 해양 생태계를 이루고 있다.

산호의 사멸과 산호초

 산호와 산호초는 전혀 다르다. 산호는 살아 있는 생물이고 산호초는 산호를 비롯한 여러 생물이 만들어 낸 암석이다. 산호초 해역에서는 많은 산호 생물이 활발하게 번식하고 생존하며 용존 탄산가스를 이용하여 산호초를 만들어낸다.

 산호초는 위에서 열거한 바와 같이 인도양이나 태평양의 광범위한 해역에서 산호초 섬이나 도서 군을 이루어 국가를 형성하기도 한다.

 산호초가 해양오염으로 점점 사멸하면서 탄산가스의 고체화 과정이 감소하여 용존 탄산가스를 효과적으로 사용하지 못하게 된다. 그 결과, 대기의 이산화탄소량이 증가하여 기후변화의 주요 요인으로 작용한다. 또한 성층권에 모인 탄산가스는 지구 온난화를 초래하는 비닐하우스 효과를 일으킨다.

산호 백화현상의 주요 원인은 환경 변화와 수온 상승이다. 2016년 호주의 그레이트 배리어 리프에서 발생한 산호의 백화현상은 세계 최대 규모로, 산호의 30%~50%가 죽었다. 이는 엄청난 해양 재난이다.

산호초에는 바다 생물의 4분의 1 정도가 서식하며, 생물의 다양성이 매우 크다. 산호초 1m²당 1,500g~3,700g의 탄산가스를 흡수하여 열대림과 비슷한 양을 흡수한다. 산호초는 칼슘과 이산화탄소를 화합하여 탄산칼슘을 만든다. 이 과정에서 많은 해양 생물, 해조류, 식물 플랑크톤, 해면동물, 자포동물, 연체동물 등의 사체와 함께

오스트레일리아 북동부에 위치한 세계 최대의 산호초 지대, 그레이트배리어리프

탄산칼슘이 퇴적되어 산호초가 형성된다. 오랜 세월 동안 이러한 산호초가 축적되면 섬이 만들어진다.

남태평양과 인도양의 많은 섬들이 산호초로 이루어져 있다. 그러나 산호의 사멸로 인해 탄산가스의 수용이 감소하고, 대기에 탄산가스가 많이 적체되어 환경오염이 가속화되고 있다.

해양오염과 백화현상

바다에도 수많은 오염물질이 쌓여 가고 있다. 대도시에서 떠내려온 생활 쓰레기뿐만 아니라, 수많은 선박(어선, 상선, 화물선, 유조선)의 폐기물 때문이다.

해양오염은 해양 생태계에 치명적인 영향을 미친다. 생물이 사는 환경을 파괴하고, 생식, 성장, 생산 등의 생명주기에 문제를 일으킨다. 나아가 농축 효과로 하등 생물뿐 아니라 고등 생물에게까지 큰 영향을 미친다.

현재 바다는 오염으로 몸살을 앓고 있다. 바다 밑바닥과 물속이 온통 오염원으로 뒤덮여 바다를 오염 수역으로 바꾸고 있다. 특히 쉽게 분해되지 않는 플라스틱이 해양을 가득 채우고 있다. 세계적으로 연간 3억~4억 톤(일 인당 40kg~50kg 정도)의 플라스틱이 생산되며,

해양오염은 해양 생태계에 치명적인 영향을 미친다. 사진은 가나의 크리스탈 비치에 버려진 쓰레기

그 일부가 바다로 흘러가고 있다. 일부 지역에서는 거대한 플라스틱 섬이 만들어지기도 한다.

이러한 오염 속에서 살아가는 해조류와 어류의 서식 환경이 파괴되면서 해양 사막이 만들어지고 있다. 또한 오염된 지역에서 생산되는 어류나 수산물은 중금속이나 환경호르몬 등의 물질로 인해 인류의 건강을 위협하고 있다.

백화현상은 해양 오염의 대표적인 사례다. 예컨대, 산호초가 커가는 해역에서 산호가 사멸하고, 그 자리에 있던 돌, 암석 등이 하얗게 변해 어떤 생물도 서식하지 못하는 현상이 벌어지는데, 이를 기소 현상이라고 부른다. 해조류도 저서생물도 서식하지 못하는 바다 사막이 되는 것이다. 이런 현상은 세계 곳곳에서 진행되어 수산업이 위축되는 결과를 가져오고 있다.

 백화 현상은 탄소중립을 저해하여 지구의 온난화를 부추기고 기후변화를 일으키는 원인이 된다. 바닷물에 존재하는 탄산가스의 양은 대기 중의 탄산가스량과 밀접한 관계를 가지고 있다. 바닷물이 탄산가스를 계속해서 수용하지 않으면 대기 중 탄산가스는 농도가 진해지고 적체되기 때문이다.

 이제 우리는 해양오염을 적극적으로 막아야 한다. 바다 사막을 막아내고 해중림이 파괴된 해역을 복원하려면 해조류의 종묘를 생산하여 이식하는 것이 중요하다.

 지구의 시공간은 무한하지 않다. 인간이 살아남기 위해서는 해양오염을 줄이는 일에 적극 참여해야 한다.

CHAPTER 3

북극해와 남극의 바다

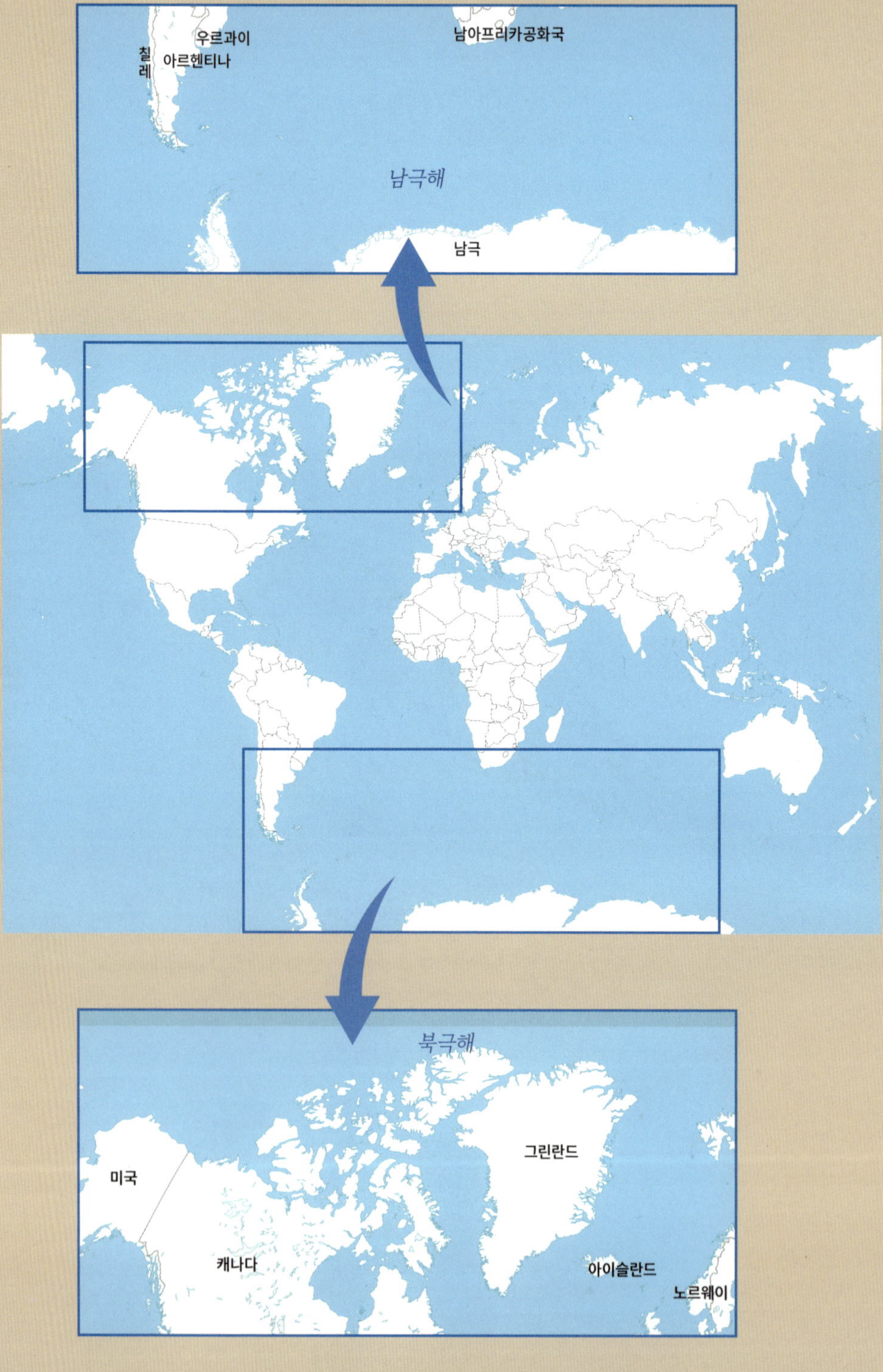
우르과이
남아프리카공화국
칠레
아르헨티나
남극해
남극
북극해
미국
그린란드
캐나다
아이슬란드
노르웨이

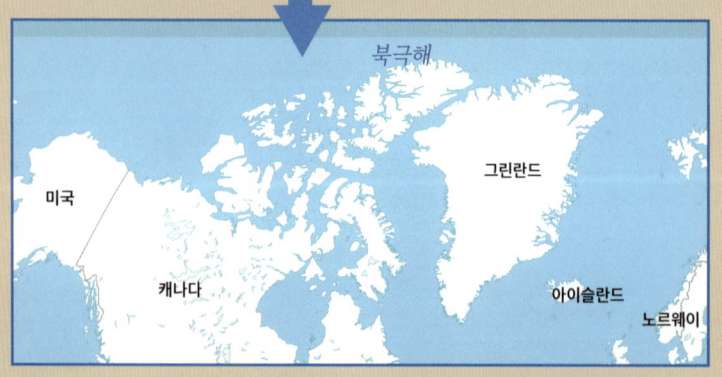

북극의 바다

북극권의 바다 자연

한대 해역인 북극해(北極海)는 지구상 3대양 다음으로 큰 바다이다. 러시아, 캐나다, 미국, 덴마크, 노르웨이가 북극해를 둘러싸고 있으며, 러시아 영토는 북극해 연안을 거의 반 정도 차지하고 있다. 캐나다에는 엘즈미어(Ellesmere)섬, 빅토리아(Victoria)섬, 배핀(Baffin)섬 등의 거대한 섬을 비롯해 수많은 섬이 운집해 있고, 덴마크가 소유한 초대형의 그린란드(Greenland)섬은 북극점에서 가장 인접한 동토대이며, 노르웨이의 해안선도 대부분 북극해와 접하고 있다.

해양학적 측면에서 북극해는 노르웨이해를 통해 대서양과 가장 많이 교류하고 있으며, 북극해가 대서양과 교류하는 해역은 빙하가 적어 북극의 인접 해역까지 항해할 수 있다. 또한 덴마크 해

북극해에 위치한 노르웨이의 트롬소 앞바다

협(Denmark Strait)과 데이비스 해협(Davis Strait)을 통해서도 대서양과 해양학적 교류가 이루어진다.

한편, 북극해는 베링 해협(Bering Strait)을 통해 태평양과도 교류한다. 그러나 베링 해협을 통한 북극해와 태평양 사이의 해양학적 교류는 적은 편이며, 빙산이 알래스카와 러시아 연안역까지 뻗쳐 있다. 이는 북극해의 해양학적 특징을 결정짓는 중요한 환경 요인이다.

알래스카는 북미 대륙 최북단에 있는 미국 50개 주 중 가장 큰 주로, 북쪽으로는 북극해와 접하고, 서쪽으로는 베링 해협을 두고 러시아와 국경이 맞닿아 있다.

알래스카 지역에서 자주 관찰되는 자연경관은 한랭한 기온, 찬란한 햇빛, 강풍, 백설, 바다와 조화를 이루는 얼음과 빙하, 다양한 색채의 구름 등이다. 특히 여름철 바다 위에 떠다니는 유빙(流氷)은 북극권에서만 볼 수 있는 아름다운 자연경관으로, 바닷물은 맑고, 차갑고, 푸르고, 깨끗하며, 잔잔하고 묵중한 느낌을 준다. 사람의 발길이 닿지 않아 오염이 거의 없는 천혜의 해양 환경 속에서 풍부한 냉수성 어족 자원의 서식을 보여준다. 특히 이 해역의 연어는 뛰어난 맛과 영양가로 인기를 끌고 있다.

알래스카주에 인접한 북극권의 해역에는 수많은 냉수성 어족 자원이 서식하고 있다. 알래스카주의 주요 산물이며, 어장 수입의 절반을 차지하는 어종은 연어다.

세계적인 연어 어장인 이 해역에는 여러 종류의 연어가 서식한다. 어획되는 연어의 종류로는 왕연어(King Salmon), 은연어(Silver Salmon), 핑크연어(Pink Salmon), 홍연어(Red Salmon), 송어(Chum Salmon), 개연어(Dog Salmon), 코치연어(Koch Salmon) 등이 있다.

이들은 모천회귀성(母川回歸性) 어류로서 물이 차갑고 깨끗한 모래와 자갈의 하상에서 산란과 수정, 부화를 거쳐 치어로 4cm 정도 자란다. 이후 연안 수역으로 가서 적응 훈련을 하며 10cm 정도 자란 뒤 원양의 냉수역으로 이동하여 60cm~80cm 크기로 자란다(『세계의 바다와 해양 생물』, 김기태, 2008.).

북극권의 바다는 대게(King crabs)의 대량 서식지로도 유명하다. 최근 마구잡이의 남획으로 이 해역의 대게가 고갈되면서 현재 어획량은 크게 줄어든 형편이다.

알래스카에는 막대한 양의 냉수성 어종인 명태가 서식하며, 각종 넙치와 새우의 생산량도 적지 않다. 이런 다양한 어류들은 먹이사슬(food pyramids)로 작용하며 물개가 대량으로 서식하는 조건이 되었다. 현재 알래스카 주정부는 물개 서식에 영향을 미치는 과도한 어획 활동을 제한하고 있다.

우리나라 동해안으로 남진하는 리만 한류의 원류도 이 해역으로부터 시작된다. 이곳은 세계 3대 어장 중의 하나로 오랫동안 명성을 누리고 있다. 바로 이 해역에서 우리나라의 북양어업이 오랫동안 성행했다. 하지만 최근에는 남획으로 자원이 고갈되며 어장의 기능은 쇠퇴하고 있다.

북극권의 고래와 생물상

북극권의 냉수성 해역에 대량 서식하는 해양 동물로 고래(Arctic whale)가 있다. 북극해에서만 서식하는 고래는 북극고래(Bowhead Whale), 흰고래(Beluga), 그리고 일각돌고래(Narwhal) 뿐이며, 그 밖의 종들은 여름철에 먹이를 찾아 북극해로 이동하여 오는 것들이다. 북극해에서 볼 수 있는 고래를 소개해 보자면 다음 같다.

북극고래(Bowhead Whale) : 오로지 북극해에서만 사는 수염고래 무리의 일종이다. 턱과 뱃가죽에 흰 반점을 가진 커다란 흑색 고래인

오직 북극해에서만 서식하는 북극고래

데 수백 년 동안 남획되어 오늘날에는 서 북극 해역(베링 해협 쪽)에 약 3천여 마리가 살고 있고, 동 북극 해역에는 수백 마리만 생존하고 있다.

흰고래(Beluga) : 'Beluga'는 러시아말로 "희다"라는 뜻이다. 흰고래는 태어날 때는 갈색이었다가 자라면서 황회색이 되고, 4년~5년이 되면 흰색으로 변한다. 북극의 눈과 얼음 색에 동화되는 것으로 보인다. 여름에는 북극해의 만이나 내만에 살고, 겨울에는 심해로 가서 생활한다. 몸의 40% 이상이 기름으로 되어 있기 때문에 얼음의 냉수대에서 생활할 수 있다. 대구(cod)를 주식으로 하며 바다에 사는 작은 벌레에 이르기까지 잘 먹는다.

일각돌고래(Narwhal) : 이 고래는 긴 나선형의 송곳니 때문에 바다 유니콘(Unicorn of the sea)으로도 알려져 있다. 턱의 왼쪽에 붙은 이 송곳니는 윗입술을 뚫고 나와 3m나 자라난다. 이 송곳니는 행운의 부적으로 여겨져 대단히 비싼 가격으로 거래된다. 대부분 수컷은 이 것을 가지고 있지만, 암컷은 몇몇 개체만 가지고 있다.

대왕고래(Blue whale) : 대왕고래는 지구상에 생존하는 가장 커다란 동물로서 몸무게가 165톤까지 나간다. 대왕고래는 전 대양에 서식하는데, 여름철에는 먹이를 찾아 북극해로 이동하며, 크릴새우를 가장 좋아한다. 대왕고래 새끼는 매일 500kg 이상의 어미 젖을 마시고, 시간당 4kg 정도씩 체중을 늘리며 무서운 속도로 성장한다.

긴수염고래(Fin whale) : 대왕고래 다음으로 몸체가 큰 종으로 등에 붙은 커다란 지느러미(Fin) 때문에 이런 이름이 붙여졌다. 심해에서 생활하며, 크릴새우를 비롯한 갑각류를 즐겨 먹는다.

향유고래(Sperm whale) : 커다란 이빨과 커다란 덩어리형 머리(block-shaped head)를 가지고 있는 것이 특색이다. 이 고래는 머리 안의 정낭(spermacetic organ) 속에 기름을 지니고 있어서 Sperm Whale(정낭고래)라는 이름이 붙었다.

혹등고래(Humpback whale) : 앞지느러미가 다른 종류의 고래보다 매우 길기 때문에 구별이 잘 된다. 길고 슬픈 소리를 내며 우는 것으로 유명하다.

밍크고래(Minke whale) : 몸집이 가장 작은 고래에 속한다. 전 대양에 분포되어 있으며, 북극의 빙하 수역(Polar ice pack)까지 회유하며 먹이를 구한다.

범고래(Orca) : 돌고랫과의 한 종으로, 몸체는 뚜렷한 검은색과 흰색을 띠며, 따뜻한 피의 동물(warm-blooded animal)을 먹이로 삼는다.

북방병코고래(Northern bottlenose whale) : 작은 부리와 평편한 이마를 가지고 있으며 부리가 있고 날카로운 이빨을 가진 부리고랫과(Beaked toothed-whale family)에 속한다. 여름철에 북극해에 살다가 겨울에는 지중해까지도 이동한다.

귀신고래(Gray whale) : 이 고래는 북극해에서 멕시코해까지 왕복하는데, 일 년에 19,000km 이상의 놀라운 이동 거리를 보인다. 대양의 저층 침전물에서도 먹이를 찾으며, 짧은 수염에는 많은 따개비(Barnacles)들이 붙어 있고, 2~4개의 식도 홈통(throat groove)을 가진다.

북방긴수염고래(Northern right whale) : 현재 지구상에 400여 마리만 남아 있는 멸종 위기종이다. 과거 50년 동안 고래잡이에서 제외되어 보호되고 있지만, 여전히 위기에 처해 있다. 지난 50년 동안 200만 마리 이상의 고래가 어획되었으며, 이를 결과 지구상에 남은 것이 별로 없다. 북극권의 해안에 사는 원주민들, 특히 알래스카 원주민의 일부 부족은 고래 사냥을 주요 생업으로 삼고 있다. 이들은 고래를 잡아 식량으로 사용하며, 그 가공하는 방법은 산업화 되어 있다(『세계의 바다와 해양 생물』, 김기태, 2008.).

북극의 곰

북극, 겨울이면 백설이 만건곤하고
병풍 같은 빙벽의 얼음덩이 환경.

이제는 산줄기가 앙상하게 드러나고
늑골같이 깡마른 땅덩어리 자연이다.

만년설이 녹아내리고
태산 같은 빙하가 무너져내려
정처 없이 바닷속을 떠돌다가
맥없이 스르르 사라져 버린다.

더없이 맑은 청정 해역
강태공처럼 연어잡이를 하며
세월 가는 줄 모르던 웅공들.

이제 얼음 조각배를 타고
바다 위를 유람하지만
꼼짝없이 굶어 죽을 수밖에.

아, 기후변화가 이런 것을
세상의 변화가 이렇게 빠를 줄이야
둔한 내가 어찌 알았겠소!

남극의 바다와 자연

남극의 자연

남극 대륙의 면적은 약 1,360만km²로 지구상에서 다섯 번째로 큰 대륙이다. 남극 대륙은 지구상에서 가장 추운 지역이며, 땅은 두께가 1마일 이상의 얼음으로 덮여 있다. 온도는 보통 영하 30℃ 이하인데, 가장 추울 때의 기록이 영하 90℃ 정도여서 동식물이 거의 살 수 없는 환경이다.

1911년 12월 14일 노르웨이의 로알 아문센(Roald Amundsen)이 최초로 남극점(South Pole)에 도달한 이후, 여러 나라가 과학기지를 구축하고 과학자를 상주시키면서 남극 대륙을 연구하고 있다. 과학자들은 남극 대륙에 많은 자연 자원이 있다고 믿으며 육상, 바다, 기후, 자원 그리고 해양 생물을 조사하고 있다.

남극 대륙은 남미 대륙과 가장 가깝고, 다른 대륙들과는 멀리 떨어져 있으며, 태평양, 대서양, 인도양으로 둘러싸여 있다. 따라서 남극 대륙과의 실질적인 교류는 남미의 최남단 지역을 통해 주로 이루어지며, 각국의 과학기지도 이 지역에 가까운 곳에 많이 설치되어 있다.

우리나라의 세종기지는 아르헨티나의 우수아이아시에서 가장 가까우며, 남미대륙의 관문과 같은 해역에 있는 사우스셰틀랜드(South Shetland) 군도 중 하나인 킹조지섬(King George Island)에 있다. 세종기지는 1988년 2월에 완공되어 연구 활동을 하고 있으며, 위치는 위도 62°13'15"S와 경도 58°45'10"W이다.

남극권은 북극권에 비하여 늦게 알려지기 시작했다. 기원전 330년경에 그리스의 탐험가 피테아스(Pytheas)가 아이슬란드에 도착함으로써 북극권에 발을 들여놓기 시작했지만, 1520년 마젤란이 남미대륙과 푸에고섬 사이의 마젤란 해협을 지난 뒤에도 오랜 세월이 흐른 1819년 영국의 윌리엄 스미스(William Smith)가 사우스셰틀랜드(South Shetlands)를 발견한 것이 남극권 탐험의 시작이 되었다.

남극권의 생물자원

남극권의 바닷물은 수온이 낮아서 영하 1℃~2℃ 정도이다. 바닷물은 매우 맑고 깨끗하고 푸르다. 바람이 세고 파고가 높다. 이 수역에 서식하는 해양 생물은 안정된 생태계를 이루고 있는데, 양적으로도 풍부하고 종의 다양성도 커서, 남극 대륙을 둘러싼 해역을 지구상에서 마지막 남은 어장이라고 할 만하다.

푸에고섬의 남단 한류의 해역에서 주로 잡히는 냉수성 어족으로는 대구, 연어, 송어, 꽃게, 오징어, 생태류, 대게, 꽃게, 크릴새우 등이 있다. 이들 어류 자원은 물개, 바다사자, 펭귄 등 남극 대륙의 생물들에게 중요한 먹이 자원이기도 하다.

이 해역은 대게(King crabs)의 산지로 유명하며, 아르헨티나에서만 연간 10만 톤을 어획한다. 아르헨티나는 어족자원 보호를 위해 어획 시기를 정해 번식기에는 어획을 금하고, 종묘 생산과 방류에도 깊은 관심을 가지고 연구를 진행하고 있다.

남극 대륙을 둘러싼 남극권의 냉수역에 서식하는 크릴새우의 현존량은 15억 톤에 이른다고 한다. 하지만 이는 남극의 엄청난 생물 자원 중 하나에 불과하다.

이곳의 바다는 오징어와 생태가 대량 서식하는 냉수역이며, 이곳의 어류는 몸체가 매우 크다. 특히 아르헨티나의 라플라타 박물관에 전시된 대구의 몸체는 이 수역의 독특한 생물상을 잘 보여주고 있다.

이 수역에서 유명한 어류 중 하나는 커다란 대구로, 풍부하게 서식하여 좋은 생물 자원으로 평가받고 있다. 이 대구의 길이는 약 2m, 무게가 60kg에 달하지만, 오징어나 생태처럼 맛이 좋지는 않다.

다양한 어류를 먹이로 삼는 물개나 바다사자도 이 해역에서 많이 서식하고 있다. 그러나 어류 자원의 고갈로 인해 물개나 바다사자의 서식 범위가 축소되고 개체수도 현격히 줄어들었다. 그런데도 남극권은 아직도 생물자원이 자연 그대로 보존된 생물권 중의 하나이다.

남극 대륙에 서식하는 펭귄은 독특한 생물학적 특성을 지닌 조류이다. 아델리펭귄 (Adélie penguin)과 황제펭귄(Emperor penguin)을 비롯해 날개가 있지만 날지 않고 수영하는 펭귄 약 10종이 서식한다. 황제펭귄의 군집(Colony)은 무려 5만 마리에 이르며, 현재까지 발견된 펭귄 집단은 40만 개 이상이다. 암컷 펭귄은 겨울에 알을 낳고, 수컷은 복부의 따뜻한 온도로 알을 품어 부화시킨다. 펭귄은 크릴새우, 오징어 등 이 해역의 풍부한 어류를 먹이로 하여 대량 번식한다.

이곳 수역에서 군집을 이루는 저서생물로는 해면, 우렁쉥이, 말미잘, 해파리, 성게, 불가사리 등이 있으며 수중 생태계는 매우 다양하고 아름답다.

남극권 바다는 얼음 위의 한랭하고 삭막한 불모지와는 달리 바닷물 속에는 해양 생물자원이 풍부하다. 따라서 이곳은 생물자원 개발 기지이자 무한한 해양 생물자원의 서식지이며, 관광지로도 세계적인 주목을 받고 있다.

푸에고섬의 자연

푸에고섬은 위도상으로 남위 55℃ 가까이에 있으며, 마젤란 해협을 사이에 두고 남미대륙과 분리되어 있다. 아르헨티나와 칠레가 이 섬을 공유하고 있는데, 국경 분쟁이 끊이지 않는 곳이기도 하다.

아르헨티나는 이 섬의 남쪽 부분을 티에라델푸에고(Tierra del Fuego)라고 부르며, 하나의 주(洲)로 만들어 남극 대륙의 영유권과 개발을 위해 국력을 쏟고 있다. 이 주의 수도는 우수아이아(Ushuaia)로, 많은 인구가 정착할 수 있도록 국가적 혜택이 제공되고 있다.

현재 이곳은 세계적으로 주목받는 요지로 발전했지만, 바로 얼마 전만 해도 남극의 중요성이 인식되지 않아 중죄인들을 모아 가두는 자연 감옥으로 쓰던 불모지였다.

이 지역에는 한대 수림이 자생하는 국립공원이 있으며, 공원의 규모는 상당히 크고 관리도 잘 되고 있다. 남극권 바다를 배경으로 한 한대성 자연림이 수려하게 펼쳐져 있고, 맑고 차가운 호수도 있어 경관이 뛰어나다. 또한 이곳에는 냉수성 어종인 송어가 풍부하게 서식하고 있다.

남극 대륙과의 유일한 통로인 푸에고섬은 남극의 연구 개발에 중요한 역할을 한다. 『해양, 생산과 오염』(김기태, 1993.)에서 소개한 내용을 보면 다음과 같다.

"푸에고섬의 여름은 거의 해가 떨어지지 않을 정도로 한밤중에도 부옇게 햇빛이 배어 있으며, 기후적으로는 하루에도 사계절의 성격을 나타내는 까다로운 면이 있다. 햇빛이 나다, 비가 오다, 바람이 불다, 구름이 끼다, 순식간에 비, 바람, 폭풍, 눈보라의 변화를 나타내기도 한다. 여름 온도는 높아도 20℃를 넘지 않으며, 겨울철에는 거의 밤으로 연속되고 있으며 기온은 평균 -10℃ 정도로서 아주 추워도 -20℃ 이하로는 내려가지 않는다."

푸에고섬은 다윈의 저서 『종의 기원』에 나오는 진화론의 산실이기도 하다. 젊은 다윈은 해군 측량선 비글(Beagle)호를 타고 6년 동안 전 세계를 돌아다니며 생물의 표본을 채취했고, 이는 진화론을 알린 명저를 탄생시켰다. 다윈의 업적을 기리기 위하여 우수아이아시 앞의 바다는 비글 운하(Canal de Beagle)로 명명되었다. 또한 일급 호텔이나 상표에도 '비글'이라는 이름을 사용하고 있다.

푸에고섬에는 1983년에 건설된 우수한 해양연구소 CADIC(Centro Austral de Investigaciones Cientificas)가 있다. 이 연구소는 정부의 중점 지원을 받아 기상학, 수문학, 육상 생물, 바다 생물, 지질학 등 5개 분야를 연구하며, 특히 남극 바다의 해양 생물자원 개발에 중요한 역할을 하고 있다.

황제펭귄

남극 바다

무희의 거친 춤사위처럼
거센 파도로 출렁이는 바다.
범상치 않은 검은색의 물결이다.

한여름 빙하가 녹아내리면서
찬물과 얼음물이 자리바꿈을 하느라
물속의 소용돌이는 어수선하다
-밀도에 따른 물의 무게이동.

황제펭귄의 왕국
엄청난 크릴새우의 전당
다양한 해양 생물의 천지
자원의 원시림 지대이다.

남극에 왕래가 빈번하니
플라스틱 물건들이 쌓이고
천혜의 얼음덩이가 죽어간다!

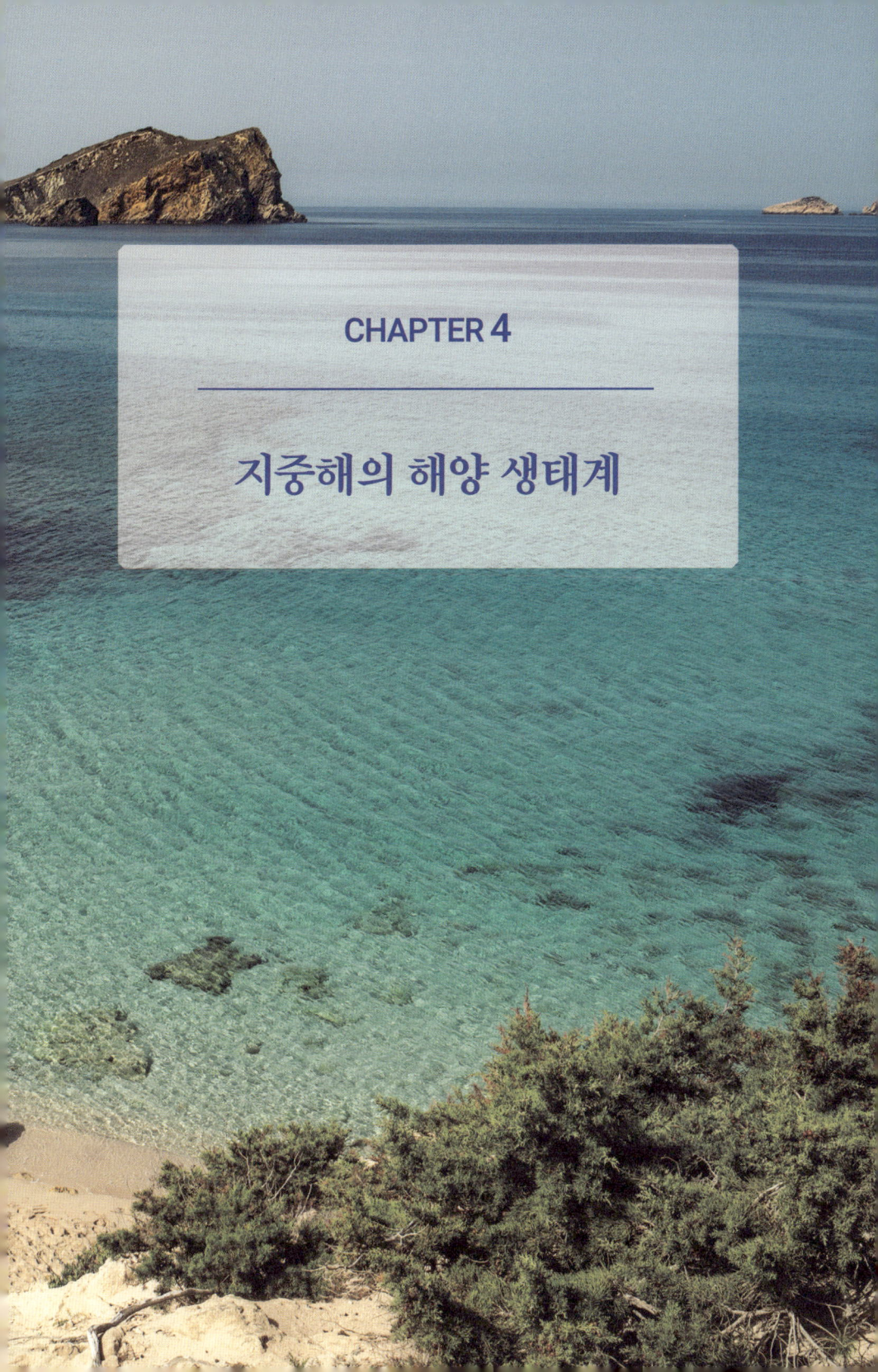

CHAPTER 4

지중해의 해양 생태계

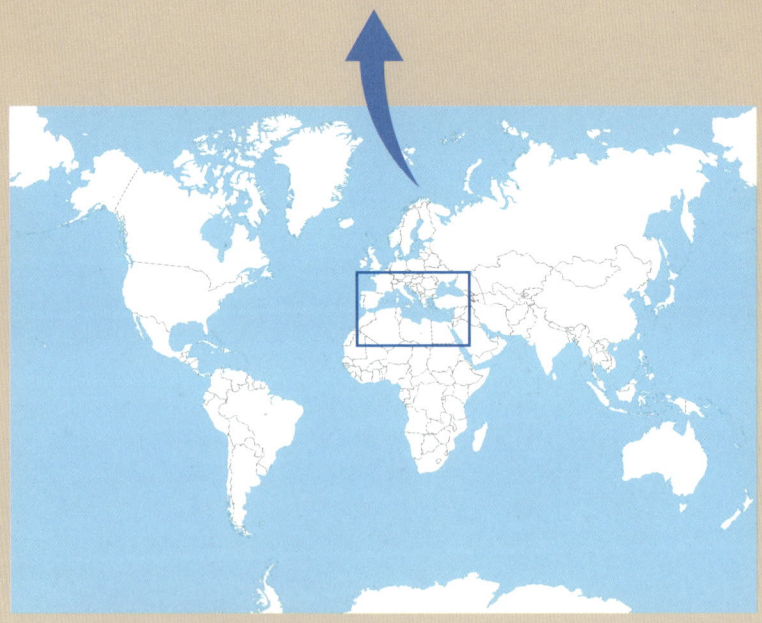

스페인의 바다

해양 개척과 무적함대

스페인은 해양 강국임에도 불구하고 영국과의 전쟁에서 패해 지브롤터 지역을 빼앗겼고, 이에 따라 아직도 두 나라의 관계는 좋지 않은 상태이다. 한편, 모로코에 인접한 세우타 지역은 유럽과 아프리카 사이에서 가장 가까운 지역으로, 원래 포르투갈이 점령하고 있었다. 그러나 스페인이 포르투갈을 침공하여 합병했고, 포르투갈이 독립할 때 세우타 지역을 반환하지 않고 소유했다.

스페인은 세우타 지역을 요새화하여, 지브롤터 해협에서 모든 해상 교통을 관제하는 군사적 요충지로 만들었다. 이에 따라 언제든지 분쟁과 싸움의 불씨가 될 수 있는 지역으로 남아 있다. 이러한 전략적 요충지를 차지하기 위한 약육강식의 논리는 현재도 계속되고 있다.

위성에서 내려다본 지중해의 모습

　스페인은 지중해와 대서양을 연결하는 해상 교통의 요충지에 있으며, 한때 해양 초강대국이었다. 스페인의 해양에의 열망은 콜럼버스를 지원하여 신항로를 개척하게 했고, 이는 세계의 역사를 크게 바꾸었다.
　콜럼버스는 이탈리아 제노바 출신으로서, 새로운 항로 개척의 꿈을 실현하기 위해 포르투갈에 지원을 요청했으나 거절당했다. 이후 스페인의 이사벨라 여왕에게 제안하여 지원을 받게 된다. 이후에 그는 네 차례에 걸쳐 멕시코를 비롯한 아메리카를 탐험하여 신대륙 발견의 선구자가 되었다.

1492년 3월 콜럼버스는 이사벨라 여왕으로부터 배 세 척과 선원 80명을 지원받아 출항하였고, 다음 해 8월 쿠바를 발견하면서 신대륙을 발견했다. 콜럼버스가 귀항한 곳은 바로 바르셀로나 항구로, 이곳에서는 그를 기리는 동상이 세워져 있다. 또한 몇 년 전 콜럼버스의 탄생 500주년을 성대하게 기념하였다. 그의 항해는 스페인의 영토를 확장하고 문화를 전 세계에 보급하는 데 이바지했으며, 무엇보다 브라질을 제외한 라틴 아메리카 전역에서 스페인어를 사용하게 한 공로가 크다.

  가우디는 건축에 몰두하기 위하여 결혼도 하지 않았고 74세에 건축 현장을 돌아보다가 교통사고로 사망한다. 가우디가 남긴 작품은 19점으로 두 점은 외국에 있고 두 점은 유네스코 지정문화제로 남아 있다.

  가우디는 고딕, 로마식 등 기존의 직선 건축에서 벗어나 자연의 곡선을 건축 양식에 차용한 최초의 건축가이다. 직선은 사람의 선이고 곡선은 신의 선이라고 하면서 그는 철근 없는 건축을 시도했다. 그 당시의 건축계는 그의 건축

바르셀로나에 있는 콜롬부스 기념탑

CHAPTER 4. 지중해의 해양 생태계

양식을 이단이라고 비난하였으며 그를 기인이라며 따돌렸다. 가우디는 생전 고독한 천재로 평가받았으나, 오늘날 그의 건축물은 세계적으로 사랑받으며 예술적 가치를 인정받고 있다. 특히 그의 작업은 자연과 건축의 조화를 이룬 독창적인 접근으로 현대 건축에 큰 영향을 미쳤다.

가우디의 성가족성당(Basílica de la Sagrada Familia)의 입장료 수익은 연 7천만 유로에 달한다. 이 돈의 일부는 교황청에 바쳐지고 일부는 건축 기금으로 충당하고 있다. 바르셀로나의 천재 건축가와 천재 미술가가 이 도시를 먹여 살린다고 할 정도이다.

프랑스의 바다

프랑스의 지중해

프랑스의 지중해는 동지중해의 중앙에 위치하며 전형적인 지중해성 특성을 보인다. 이 바다는 대서양의 내해이지만 바다가 깊고 섬이 거의 없으며, 연안 가까이에는 작은 바위섬들이 솟아 있다.

저자는 지중해 연구로 오랫동안 마르세유 해양연구소에서 연구 생활을 했다. 프랑스의 지중해안에는 페르피냥, 몽펠리에, 마르세유, 니스, 칸, 모나코 등 비교적 큰 도시가 있다. 이곳은 살기 좋은 지중해성 기후를 띠는데, 라벤더를 대량으로 재배하고 올리브 같은 지중해성 식물이 자생한다. 그밖에 미모사, 향나무, 노간주나무가 많이 자라며 올리브와 오렌지, 무화과 등의 과일을 수확한다.

마르세유는 유럽의 2대 항구 중 하나로, 많은 물동량을 자랑하는 전형적인 항구도시다. 구항(Vieux Port)은 이미 2천5백 년 전에 형성된 항구로, 호화 요트의 선착장으로 사용된다. 신항은 국제 여객선과 화물선의 선착장이다.

프랑스의 지중해 지역에는 론강의 담수가 유입되는 카마르그(Camargue) 지역이 있다. 이곳은 바다에 담수가 쏟아져 들어와 하구 생태학 연구에 중요한 해역이며, 다양한 조류의 서식지로 특히 플라밍고가 많이 서식한다.

하구에 쌓이는 유기물질로 인해 바닷물에서는 부영양화 현상이 발생하고, 식물 플랑크톤이 대량으로 번성하여 먹이사슬이 형성된다. 이로 인해 다양한 어류의 서식지로 생산성이 높은 해역이며, 이

프랑스 지중해의 카마르그 지역에서 발견된 홍학 무리

하구 해안의 인근에는 에땅드베르(Etang de Berre) 같은 호수(Lagoon)가 분포되어 있어서 해안 생태 연구지로 주목을 받고 있다(『세계의 바다와 해양 생물』, 김기태, 2008.).

영불 해협의 브르타뉴(Bretagne)와 노르망디(Normandie)의 자연

프랑스의 북부 지역에 위치하며 따뜻한 멕시코 만류의 영향으로 비와 안개가 잦은 지역이다. 위도가 높은 편이나 기온은 높지도 낮지도 않다. 특히 브르타뉴 지방에서는 일 년에 230일 정도 비가 내려 습도가 매우 높다.

멕시코 만류가 물고기 떼를 몰고 와 어획량이 풍부하다. 간만의 차가 매우 커서 생말로에는 조력발전소가 건설되어 있다. 몽생미셸 같은 곳은 세계 7대 불가사의의 하나로 꼽히는 성채가 있다. 대단히 아름다운 해안 경관을 가지고 있어 세계적인 경관지구로 꼽힌다.

5월경 해안가에 관목 식물인 쥬네(Jenée)와 아종도르(Ajonc d'or)가 만발할 때는 빼어난 해안 경관을 뽐낸다. 바람이 많이 지나가는 곳이어서 거센 파도가 춤추는 장관을 보는 재미도 있다. 저자는 1976년 브르타뉴의 프랑스 수산연구원과 로스코프 해양생물연구소에서 잠시 연수 생활을 한 바 있다.

이탈리아의 바다

이탈리아반도의 자연

이탈리아는 지중해의 중심에 있는 반도 국가이다. 국토는 약 30만 km², 인구는 5천9백만 명으로 유럽에서 상당히 큰 나라이다. 특히 해안선의 길이가 매우 길어 서쪽으로는 티레니아해, 동쪽으로는 아드리아해를 접하고 있다. 그리고 반도의 남쪽으로는 이오니아해와 접하고 있다. 이 바다들은 모두 지중해의 중요한 부분을 이루고 있다.

이탈리아는 우리나라보다 약간 높은 위도에 있지만, 사계절이 뚜렷하며 강우량은 약 600mm~1,000mm 정도로 우리나라보다 적다. 북쪽은 알프스의 영향을 받으며, 남쪽은 지중해의 해양기후와 아프리카 대륙의 열대성 기후의 영향을 받는다. 이탈리아의 식생은 오렌지, 올리브와 라벤더 같은 허브 작물이 주를 이루며, 프랑스와 그리스 등의 이웃 국가와 비슷하다.

　이탈리아는 장화처럼 길쭉한 반도로, 북쪽으로만 유럽 대륙과 접하여 프랑스, 스위스, 오스트리아, 슬로베니아와 국경을 이루고 있다. 바다에서 제일 가까운 나라는 섬나라 몰타이며, 다음으로는 아프리카의 튀니지가 있다.

　알프스산맥의 정상인 몽블랑은 프랑스, 스위스와 함께 3개국이 국경을 이룬다. 그러나 이탈리아 쪽의 국경은 산악 지형이 매우 험준하여 관광 개발이나 활용도가 다른 나라에 비해 적은 편이다.

　이탈리아의 수도 로마는 2천5백여 년의 역사를 지닌 고대 로마제국의 수도로, 유럽 대륙에서 가장 오래된 대도시다. 정치, 문화, 예술, 교통, 산업 등의 중심지로, 대도시권의 인구는 약 4백만 명이다.

　1,285km^{2}의 면적을 가진 대도시 로마에는 찬란한 고대 문명의 유적지가 많으며, 가톨릭의 본거지인 바티칸도 로마 시내에 있다. 로마 시내에는 고대 원형 경기장인 콜로세움, 트레비 분수, 고대 유물을 전시하는 박물관, 현대 미술관, 많은 광장과 공원이 곳곳에 있어, 도시 전체가 하나의 거대한 문화재라고 할 수 있다.

　바티칸은 도시 국가로 면적이 0.44km^{2}이다. 세계에서 가장 작은 독립 국가 중의 하나이며 가톨릭교회의 총본부가 있는 신권 국가로 교황이 다스린다. 이곳에 상주하는 인구는 9백 명 정도로 대부분이 성직자다. 바티칸은 로마시와 장벽으로 분리되어 있다. 성베드로 대성당은 바티칸 대성당이라고도 하며, 기독교 성지 중의 하나이다.

바티칸미술관은 아주 귀중한 종교미술 작품들이 소장되어 있다. 미켈란젤로의 〈최후의 심판〉은 시스티나 성당 천정에 그려져 있는 불후의 명작이다.

이탈리아인들은 예술을 사랑하며 일상생활 자체가 낭만적이어서 패션, 음악, 조각, 건축에 뛰어난 재능을 보인다. 대체로 중화학공업보다는 경공업이 발달한 나라이다. 무엇보다 관광 대국으로 많은 관광객이 이 나라를 찾는다.

폼페이는 나폴리에서 32km 떨어진 곳에 있으며, 고대에는 로마 귀족들의 고급 별장이 있는 휴양도시였다. 고대부터 높은 생활 수준과 문화를 갖추고 있어 오늘날과도 비슷한 목욕 시설을 갖추고 있었다. AD 79년 8월 24일 정오경에 인근의 베수비오산이 대폭발을 일으키며, 화산재와 분출된 용암으로 도시 전체가 완전히 소멸했다. 고온의 용암과 가스로 타죽거나 질식해서 죽은 사람이 도시 인구의 10%인 2천여 명이나 되었다.

1500년이 지난 1594년에 폼페이 시가지를 가로지르는 운하를 건설하면서 매몰되었던 옛날의 폼페이시가 발굴되어 현재는 90% 정도가 복원되었다. 이 비운의 도시를 발굴하면서 화산재에 묻혔던 당시의 생활상이 드러났고, 출토된 각종 유물은 박물관을 세워 전시하고 있다.

이천 년 전 폼페이는 왕족 또는 귀족들이 권력과 부귀영화를 누리며 사치와 향락에 빠져 있었던 도시로, 하나님의 징벌이 내려져 멸망하였다는 이야기도 있다. 그때나 지금이나 인간의 생활은 크게 다르지 않다. 무엇보다도 배부르고 등 따뜻한 삶에 더해 무소불위의 권력까지 탐하는 인간의 욕망은 변함이 없어 보인다.

이탈리아의 바다

이탈리아는 거의 전 국토가 바다로 둘러싸인 해양 국가로, 지중해에서 가장 큰 섬인 시칠리아섬(Sicilia Island)과 사르데냐섬(Sardegna Island)을 보유하고 있다. 사르데냐섬은 프랑스의 코르시카섬과 매우 가까이 위치한 형제 섬이다. 시칠리아섬은 이탈리아반도의 최남단에 있으며, 메시나 해협을 사이에 두고 본토와 연결되어 있다. 이 해협은 티레니아해와 이오니아해를 연결하며, 가장 좁은 지점은 1.9km에 불과하다. 그러므로, 시칠리아섬은 이탈리아 본토와 거의 붙어 있다고 해도 과언이 아니다.

지중해는 깊은 바다로, 대서양의 내해(297만km^2) 역할을 한다. 북대서양의 참치는 대양을 회유하다가 산란기가 되면 지브롤터 해협을 통해 사르데냐섬과 시칠리아섬의 연안의 얕고 먹이가 풍부한 해역에서 산란하고, 이후 치어는 다시 북대서양으로 돌아가 참치 무리를 형성한다. 이 지역은 북대서양 참치 자원의 근원지라고 할 수 있다.

나폴리(Napoli)는 면적 117.27km^2, 해발 17m의 도시로 인구는 약 100만 명이다. 티레니아해의 소렌토항이나 나폴리항은 지중해의 맑은 바닷물과 전형적인 지중해성 기후를 자랑한다. 그중 나폴리항은 세계 3대 미항 중의 하나로 자연환경이 매우 아름답지만, 한편으론 수많은 선박의 왕래로 인해 해양 오염이 불가피한 면도 있다. 이곳에서는 명곡 "돌아오라 소렌토"가 곳곳에서 울려 퍼지며, 부둣가의 아름다운 식당들에서는 아코디언이나 바이올린을 연주하는 악사들이 낭만적인 분위기를 연출한다.

베네치아(Venice)의 면적은 414.57km², 인구는 약 26만 명이며, 광역 베네치아의 인구는 약 85만 명이다. 아드리아해에 있는 베네치아는 세계적으로 유명한 물의 도시로, 운하를 통한 수상 버스, 수상 택시, 곤돌라 등이 주요 교통수단인데, 이에 따라 수질 오염이 심각한 문제로 대두되고 있다. 베네치아의 해안은 간조대 지역으로, 해양 미생물이 번식하기에 알맞은 온도와 양분을 갖춘 갯벌 지대이다. 스트렙토마이신의 균주가 이곳에서 발견되었다.

아드리아해

아드리아해의 국가들

 아드리아해의 북쪽 해안은 슬로베니아, 크로아티아, 몬테네그로, 알바니아를 나누어 접하고 있다. 이 중에서 가장 중요한 해안은 슬로베니아와 크로아티아로, 이곳은 얕은 바다를 이루고 많은 섬이 있어 지중해의 경관을 보여준다.

 이 지역은 수산 양식이나 해조류 양식에 매우 적합하지만, 수산물 소비가 적어 해조류 양식이나 가두리 양식은 소량으로 이루어지고 있다. 대신 해상 레저 스포츠와 관광용 유람선이 주로 왕래한다.

 크로아티아는 아드리아해에서 상당히 큰 해안선을 지닌 해안 국가이기도 하다. 얕은 바다와 다도해로서 이루어져 있으며, 아드리아해에서 가장 아름다운 해양 경관을 자랑한다. 항만 개발은 활발하

위성사진으로 찍은 이탈리아반도와 아드리아해

지 않지만, 자연 그대로의 깨끗한 바다를 유지하고 있다. 작은 포구마다 요트 등 해양 레저 스포츠를 즐길 수 있는 환경이 조성되어 있으며, 소규모 해수욕장도 있다. 최근에는 해양 관광에 대한 관심이 높아지고 있다. 이 나라는 아드리아해의 중심 해역으로서 해양 발전에 큰 기대를 갖고 있다.

근래에 주한 크로아티아 대사, 다미르 쿠셴(Damir Kušen) 씨와 이 나라의 아드리아 해안과 다도해에 관하여 한 시간 정도 의견을 나누며, 저자의 지중해 연구 논문과 책을 기증하기도 했다. 그 역시 이 바다에 대하여 많은 관심을 가지고 있었다.

슬로베니아의 바다는 서쪽으로는 이탈리아, 서남쪽으로는 아드리아해와 접하고 있다. 해안선은 짧지만, 아드리아해의 최북단에 자리 잡고 있으며, 베네치아와 가깝다. 해양학적 성격은 베네치아와 유사하다. 이 나라에서 해양의 비중은 크지 않지만, 지중해로 진출하는 해로를 확보하고 있다.

헤르체고비나는 아드리아해와 밀접할 것 같지만, 실제로는 해안을 거의 소유하지 못하고 해상 교통의 통로만 갖고 있다. 아드리아해는 지중해의 내해로서 매우 평온한 해양 환경을 이루고 있다.

그리스의 바다

그리스의 자연과 환경

그리스의 면적은 132,000km², 인구는 1천만 명의 국가이다. 수도는 아테네로, 인구는 약 315만 명이다. 그리스어를 사용하며, 그리스정교를 믿는다. 그리스의 일인당 국민총소득(GNI)은 22,580달러(2023년 기준)이다.* 그리스의 산업 구조는 관광업이 70%, 공업이 27%, 농업은 3%를 차지한다.

그리스에서는 2,500년 전의 빛나는 유적을 신전의 기둥에서 찾아볼 수 있다. 2004년 8월 13일 올림픽을 개최하며, 비행기에서 부터 미세한 바늘에 이르기까지 대부분의 물품을 수입에 의존했다.

* 이후 1인당국민총소득은 모두 KOSIS(국가통계포털)의 자료임.

올림픽 개최로 경기가 살아나고 살기 좋은 나라가 될 것으로 기대했지만, 실제로는 경기가 침체되고 파업이 성행하게 되었다.

그리스의 바다

그리스는 지중해의 이오니아해와 에게해로 둘러싸인 반도 국가로, 3천여 개의 섬들을 지녀 '바다의 왕국'이라고 할 만한 곳이다. 그리스는 에게해를 사이에 두고 튀르키예와 국경을 맞대고 있으며, 에게해 전체를 거의 다 가지고 있다. 해안선은 13,676km로, 지중해 국가 중 가장 길고, 세계적으로도 11위에 해당한다.

그리스는 제1차 세계대전 때 연합국으로 참전해 승전국이 되었고, 튀르키예는 패전국이 되었다. 그리스는 영토협상에서 마르마라해를 끼고 있는 유럽 쪽의 영토 3만km²를 터키에 양도하는 대신, 터키 해안선에 이르는 모든 섬과 바다를 소유하게 되었다. 이에 따라 그리스는 동지중해에서 막대한 해양 영토를 확보한 국가가 되었다.

그리스의 섬들 대부분은 무인도이지만, 777개의 섬에는 주민이 있으며, 각종 해양 산업과 농업을 하고 있다. 그리스의 주요 산업은 해양, 조선, 건축 등이 발달해 있으며, 조선업의 발달로 '선박의 나라'라는 별칭을 얻었다. 그리스는 막대한 해양 자원과 해양 자연을 누리고 있으며, 이를 활용할 수 있는 잠재력을 지닌 나라이다. 또한 지중해의 온화한 기후와 함께 해양스포츠가 활발한 나라이다.

에게해와 이오니아해를 잇는 중요한 해상 교통로 코린트 운하

그리스에 있는 세계 3대 운하 중 하나인 코린트 운하는 에게해와 이오니아해를 잇는 중요한 해상 교통로이다. 펠로폰네소스반도를 관통하는 이 운하는 1893년에 헝가리 왕국의 지원으로 건설되었다. 운하의 폭은 25m, 수심은 8m, 길이는 6.3km이다. 이 운하는 아테네의 피레우스(Piraeus)항에서 이탈리아의 브린디시(Brindisi)항까지 항해할 때 370km를 단축해 준다. 수에즈 운하나 파나마 운하에 비하면 규모는 작지만, 지중해에서는 유용한 해운 항로이다.

바다의 여신 테티스(지중해의 옛 이름)

그리스는 찬란한 문화유산을 가진 나라이며 신화의 왕국으로 도처에 그 흔적이 남아 있다. 고전에 등장하는 신들의 세계는 흥미로운 것이 하나둘이 아니다. 여기에서는 그리스의 신화 중에서 바다의 여신 테티스를 소개한다.

바다의 여신 테티스는 그 아름다움으로 많은 신들의 눈길을 끌었다. 제우스 신과 포세이돈 신이 테티스에게 찾아가서 간절히 청혼했지만 거절당했다. 테티스는 신과 결혼하면 아주 뛰어난 아들이 태어날 것이기에 이를 거절하고 인간과 결혼하여 아킬레우스를 낳았다. 그러나 아킬레우스는 어머니가 사람과 결혼했기 때문에 신이 되지 못했다고 불평했다.

어느 날, 테티스는 여러 신들을 초대했으나 불화의 신 에리스는 초대하지 않았다. 초대받지 못한 에리스는 복수를 결심하고, '가장 아름다운 여신에게'라는 문구가 새겨진 황금 사과를 남겨놓고 갔다. 헤라, 아프로디테, 아테네는 저마다 자신이 가장 아름답다고 주장하며 다투었지만, 신 중의 신인 제우스도 판결을 내리지 못할 만큼 세 여신은 출중한 미모를 가지고 있었다.

결국 한 목동이 심판을 맡게 되었다. 그는 트로이 왕의 둘째 아들, 파리스 왕자였다. 파리스의 아버지 프리아모스 왕은 부인과 동침을 하지 않다가 점괘를 보고 술기운으로 부인 헤베카와 동침하였고, 그렇게 태어난 아들이 파리스였다. 그러나 파리스는 트로이가 불타는 태몽과 함께 태어났고, 그의 발뒤꿈치에는 빨간 점이 있었다. 신탁에 따르면 이것은 아버지를 죽이고 엄마와 결혼할 것이라는 예언이었기에, 프리아모스 왕은 갓난아이를 산속에 갖다 버리라고 명령했다. 그러나 파리스는 곰의 젖을 먹으며 살아남아 양치기가 되었고, 이후 코린트 왕의 양자로 들어가게 되었다.

세 여신은 각기 파리스에게 다가가 헤라 여신은 권력을, 아테네 여신은 지식과 용맹을, 아프로디테 여신은 아름다운 여인을 주겠다는 제안을 했다. 목동은 아프로디테 여신의 제안을 받아들였고, 황금 사과를 받은 아프로디테 여신은 그 대가로 세상에서 가장 아름다운 여인 헬레네를 목동에게 안겨주었다. 그러나 헬레네는 스파르타의 왕 메넬라오스의 아내로 이미 결혼한 상태였다. 아프로디테의 도움으로, 스파르타로 향한 파리스는 헬레네와 은밀한 사랑을 나누고 두 사람은 트로이로 함께 도망친다. 아내를 파리스에게 빼앗긴

스파르타의 왕은 분노하여 그리스의 다른 도시 국가들과 동맹을 맺어 트로이를 공격한다. 이 전쟁은 10년이나 계속되었고, 트로이는 전쟁의 참화를 입고 폐허 상태가 된다. 마침내 그리스 동맹군은 거대한 목마를 만들어 성내로 병사들을 잠입시켜 트로이를 함락하게 된다.

튀르키예, 보스포루스 해협

보스포루스 해협의 중요성

제2차 세계대전 이후, 튀르키예와 그리스 사이의 영토 조약에서, 그리스는 한 섬을 제외한 모든 섬과 해양 세력권을 양도하는 대신, 튀르키예는 그리스의 3만km² 영토를 할애받았다. 이러한 협상은 튀르키예에 매우 유리한 조건이었으며, 튀르키예는 이를 통해 유럽 대륙의 영토를 확보하여 EU에 가입할 수 있는 길을 열었다. 이 영토는 이스탄불과 연결되어 있다.

이스탄불은 과거 비잔티움, 콘스탄티노플로 불렸던 도시로, 유럽과 아시아를 잇는 중요한 접경지대이다. 또한 정치, 문화, 경제에 민감하며, 전쟁이 끊이지 않았던 도시이다. 역사적으로 이스탄불은 유럽과 아시아 대륙 간의 교량 역할을 해 왔다. 이스탄불에는 보스포

보스포루스 해협을 잇는 첫 번째 다리

루스 해협이 있어 지중해와 흑해를 잇는 해상 교량 해 왔고, 강대국 간 전쟁의 불씨가 되기도 했다.

 이스탄불의 보스포루스 해협은 도시를 양분하며 흐르고 있어 독특하고 아름다운 자연경관을 자랑한다. 이 해협은 길이 32.7km, 폭 660m~4.7km로, 이스탄불 기온과 기후에 절대적인 영향을 미친다. 이스탄불시는 서울의 1.5배 면적을 가지고 있으며, 인구는 1,600만 명으로 부유하고 아름다운 도시이다.

 이 해협의 한쪽 끝은 마르마라해, 다르다넬스 해협, 에게해, 지중해로 연결되며, 다른 한쪽은 흑해와 직접 연결된다. 보스포루스 해협의 저층류는 흑해에서 에게해로 나가고, 상층류는 에게해에서 흑해로 들어간다. 보스포루스 해협의 양안은 교통과 문화의 중심지이며, 흑해 쪽으로는 고급 주택가가 형성되어 있다.

이집트의 나일강 하구

나일강 하구의 알렉산드리아와 수에즈 운하 지역

나일강 하류는 수도 카이로에서 시작되며, 강줄기가 여러 갈래로 나누어져 사막을 녹화시키고 지중해와 홍해로 흘러간다. 카이로는 나일강의 물 혜택으로 발달한 대도시로 거대한 오아시스 역할을 한다.

카이로에서 반경 200km 내의 부채꼴 모양 하류 삼각지 농경지대는 이집트의 곡물 창고로, 밀(주식), 쌀, 감자, 오렌지, 대추야자, 키위, 망고, 등이 많이 생산된다. 지중해와 나일강 하류 수역에서는 해산물이 풍부하게 생산되며, 이곳의 농수산물은 이집트의 식량 자급자족에 이바지한다.

이집트의 실제 활용 국토는 나일강 변과 방대한 하류 삼각주 지역으로, 다른 대하의 하류와는 다른 환경을 이루고 있으며, 독특한 생물이 번식하고 있다.

파피루스(Papyrus : *Cyperus papyrus*)는 나일강 삼각주 지역에 2m~3m의 크기로 자라는 수변 식물로, 왕골 비슷한 종류이다. 고대의 이집트에서는 이 식물의 표피를 가공하여 기록물을 남겼으며, 이것이 종이의 원조가 되었다. 파피루스는 영어 'paper'의 어원이기도 하다.

나일강 하류에는 틸라피아(Tilapia : *Oreochromis niloticus*)가 자생하고 있다. 이 열대 담수산 어류는 성숙 기간이 4~5개월에 불과한 잡식 어류로, 나일강 하류에 풍부하다. 틸라피아는 담수에서 자라지만 해수에도 적응이 잘 되어, 수온이 따뜻한 곳이면 전 세계 어디서든 양식이 가능하다. 우리나라에서도 '역돔'으로 불리며 대량으로 양식되고 있다.

알렉산드리아항

알렉산드리아시 : 나일강 하류의 방대한 사막은 강물의 영향을 받아 녹지대를 형성하고 있다. 이 지역에서는 본류가 십여 개 이상의 지류로 나뉘어 부채꼴 모양의 삼각주를 이룬다. 여러 지류 중 일부는 사막을 적시며 땅에 흡수되거나 호수를 형성하고, 두 개의 지류는 지중해로, 상대적으로 작은 세 개의 지류는 홍해로 흘러간다.

나일강 하류의 부채꼴 지역에는 이집트의 대부분의 대도시가 자리 잡고 있으며, 인구가 밀집된 주거 환경을 이룬다. 대표적인 도시인 알렉산드리아는 지중해 연안에서 가장 큰 도시 중 하나로, 약 520만 명이 살고 있다. 과거 이집트의 수도였던 이 도시는 지중해 문화와 사막 문화가 공존하는 곳이다. 도시 전체가 잘 녹화되어 있으며, 바다를 접하고 있어 아름다운 풍경을 자랑한다. 건물들은 고풍스럽고, 부유하여 윤기가 돈다.

알렉산드리아는 지중해성 기후와 사하라 사막의 뜨거운 열기가 만나 온화한 기후를 형성한 나일강 하구 도시이다. 인근에는 방대한 크기의 에드쿠 호수(Lake Edku)가 있으며, 그 옆으로 나일강의 지류가 지중해로 흘러간다.

알렉산드리아 재건 도서관 : 기원전 295년경에 설립한 세계 최초의 고대 도서관으로, 수학, 천문, 기하, 지리, 의학, 성경 등 방대한 도서를 수집해 소장했다. 2세기경에는 알렉산드리아 항구에 정박한 선박에서도 도서를 수집했다.

이 도서관은 유클리드, 아르키메데스, 프톨레마이오스, 아리스토

텔레스, 아리스타르고스, 필론 등의 석학들이 활용했다고 한다. 그러나 기원 후 48년경에 없어졌고, 근년에 다시 건축되었다.

알렉산드리아 도서관의 재건은 1972년에 제안되었고, 1986년에 유네스코의 지원을 받았으며, 1988년에 주춧돌을 놓았다. 2002년 10월 16일에 개관한 이 도서관은 800만 권의 도서

알렉산드리아 도서관

를 수용할 수 있는 시설로, 20,400m²(약 6,100평) 규모의 거대한 원통형 건물이 지어졌다. 이 건물은 떠오르는 태양을 형상화하였으며, 지상 6층 지하 5층 총 11개 층으로 되어 있다. 도서관 외벽에는 세계 각국의 글자들이 음각되어 있으며, 이 중에는 우리의 한글이 잘 보이는 곳에 '월' 자를 비롯하여 '세' 자, '름' 자 등의 글자들이 음각되어 있다.

파로스 등대 : 알렉산드리아 등대 또는 알렉산드리아 파로스 등대는 기원전 3세기(BC280년)에 프톨레마이오스 2세에 의해 알렉산드리아의 파로스섬에 세워진 거대한 등대이다. 높이가 111m로, 세계

옛 파로스 등대 자리에 세워진 카이트베이 요새의 성채

7대 불가사의 중의 하나이기도 하다. 그러나 이 등대는 오래전 무너지고 오늘날 그 자리에는 카이트베이 요새가 세워져 있다.

지중해는 한쪽 끝이 지브롤터 해협을 통해 대서양과 연결되고, 다른 한쪽은 수에즈 운하를 통하여 홍해와 연결이 되어 있다. 따라서 거의 폐쇄된 내해이다. 지중해 전체는 하나의 수계, 즉 하나의 물 덩어리로서 수문학적 성격과 생물학적 성격이 전 해역에 걸쳐 유사하다. 다시 말해, 동지중해와 서지중해의 수온, 염도, 밀도, 영양염류 등의 분포는 크게 다르지 않을 것이다.

수에즈 운하 : 이집트는 홍해의 상단 대부분을 차지하는 나라로서, 수에즈 운하와 시나이반도 같은 지리적으로 대단히 중요한 영토를 보유하고 있다. 중동의 시나이반도 한쪽에는 세계적인 해상 교통의 요지인 수에즈 운하가 있어, 국제적으로 정치, 경제, 사회적인 문제

를 야기하기도 한다.

　수에즈 운하의 개통은 세계 해상 교통망의 획기적인 전환점이 되었다. 유럽 전체와 지중해 연안의 많은 나라들은 아프리카의 희망봉을 도는 긴 항로를 단축하여 시간, 경제, 에너지 면에서 많은 이익을 얻게 되었다. 이러한 영향력으로 인해 수에즈 운하를 소유한 이집트와 강대국 사이에는 많은 갈등과 싸움이 벌어지기도 했다.

　수에즈 운하는 1869년 11월 17일에 개통되었다. 운하의 총길이는 무려 192km, 수심은 24m이다. 수에즈 운하의 중앙에는 그레이트비터호가 있으며, 이 호수를 통해 수에즈만이 지중해와 연결된다. 수심 20m까지 대형 선박의 운행이 허용되며, 24만 톤의 대형 유조선도 통과할 수 있다.

　수에즈 운하는 세계 제2의 운하인 파나마 운하와 비교할 만하다. 파나마 운하의 길이는 82km, 폭은 55m, 깊이는 15m로, 약 7만 톤의 화물선이 통과하는데 8~10시간이 소요된다. 수에즈 운하는 아프리카 대륙을 우회하는 긴 항로를, 파나마 운하는 남미 대륙을 우회하는 항로를 단축하여 해운사에 길이 남을 대역사로 기록되고 있다.

　이집트는 대부분 북회귀선 위에 위치하며, 북쪽은 지중해와 접해 있어 온화한 기후를 보이지만, 대부분 지역은 사막의 뜨거운 열기로 인해 아열대성 기후를 나타낸다. 사계절이 있지만, 겨울(12월~2월)에도 기온이 영하로 내려가지 않는다. 여름이 길고 봄과 가을이 짧으며, 연중 기온은 10℃~35℃로 덥다. 가을(11월) 날씨도 낮에는 덥고

이집트의 수에즈 운하를 잇는 다리

밤에는 선선하다. 알렉산드리아시를 비롯한 나일강 하구와 지중해를 접하는 지역은 기후적으로 살기 좋고, 식생도 지중해성 풍토와 비슷하다.

이집트의 자연과 문화

이집트의 면적은 1,001,000km²로, 국토의 95%가 사막이며 연간 강우량이 평균 25mm로 매우 건조하다. 이렇게 방대한 사막의 국토에서 나일강은 하나의 거대한 오아시스 역할을 한다. 이슬람교를 믿으며, 아랍어를 사용한다. 인구는 약 1억 1천만 명이다.

수도는 카이로이며, 외곽 도시를 포함한 인구는 약 2천만 명이지만, 도시면적은 서울과 비슷하다. 먼지가 많고, 교통 체증이 심하며,

나일강의 삼각주 지대이지만 사막의 영향으로 초목의 양이 상대적으로 적은 편이다.

이집트의 대 파라미드(쿠프 왕의 피라미드)는 기자(Giza) 지역에 있는 세계의 7대 불가사의 중 하나다. 이 피라미드는 사면체 구조로, 가로와 세로의 길이가 각각 230m, 높이는 146.7m이다. 약 4,600년 전에 2.5톤의 돌들을 쌓아 올린 거대한 구조물로, 무게는 6백만 톤에 이른다.

사자 모양의 몸통에 사람의 얼굴을 한 스핑크스(Sphinx)는 거대한 암석을 원형 그대로 사용해 조각한 작품으로, 전체 길이는 70m, 높이는 20m, 얼굴의 폭은 4m이다. 스핑크스는 원래 무덤을 지키는

고대 이집트 왕들의 무덤을 지키는 수호신 스핑크스

수호신으로, 고대 이집트 제4왕조(B.C. 2650년경)의 카프레 왕의 얼굴을 형상화한 것이라는 설이 있다. 오랜 세월 동안 풍화 작용으로 인해 머리에 씌워졌던 왕관은 사라졌다.

이집트 카이로의 고고학 국립 박물관은 1902년에 개관하였으며, 25만 점 이상의 유적과 유물을 보유하고 있다. 이 박물관은 갖가지 신화의 원천을 이루는 이집트의 역사와 파라오의 발자취를 보여준다.

다시 말해, 피라미드의 고대 건축 기술과 스핑크스의 신화에 얽힌 수수께끼, 사하라의 신기루 현상 등은 여전히 관심을 끄는 이집트 문화의 백미이다.

CHAPTER 4. 지중해의 해양 생태계

나일강

지구의 생성 시절에
검은 대륙이 만들어지고
모래뿐인 사하라가 생기고
나일강도 태어났다.

절대 불모지인 사막의 광야
빗방울이 하나도 없으며
생명이라고는 없는
숨 막히는 열기만 가득하다.

황량한 사막을 가르는
장강대하 나일강은
하늘이 내린 은혜의 생명샘.

푸른 물줄기는 목 타는 대지를 적시며
생명을 싣고 도도히 흐른다.

나일강가의 산천경계는
꿀과 젖이 흐르고

오곡백과가 무르익으며
살찐 소와 가축이 뛰어 논다
찬란한 고대 문명의 발생지이다.

태초에 하나님이
여기에서 인간을 빚으셨나 보다
검은색의 튼튼한 샘족을.
이들은 유럽으로 아시아로
그리고 더 멀리 멀리 뻗어 나갔다.

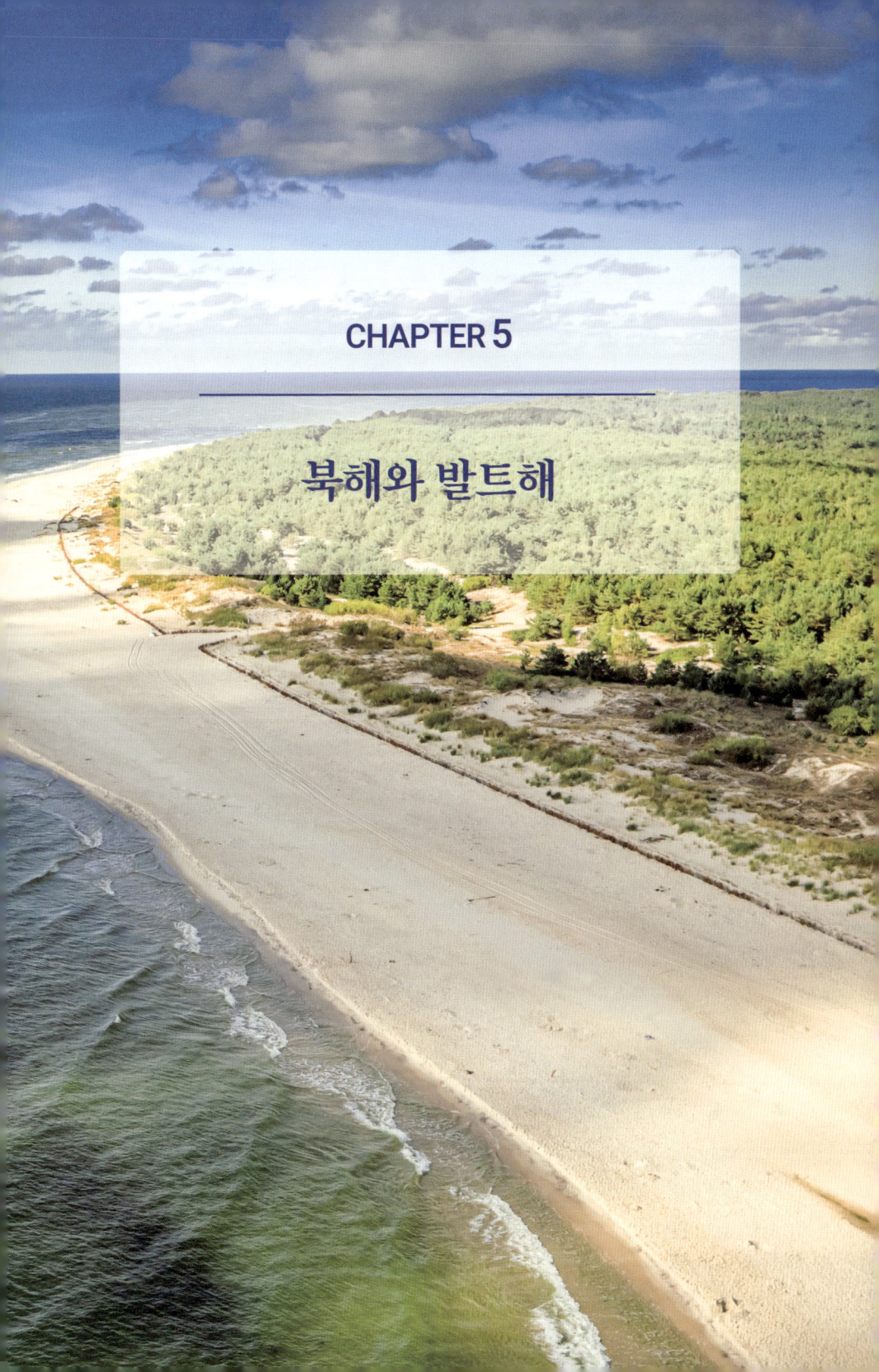

CHAPTER 5

북해와 발트해

발트해의 자연

발트해의 자연

발트해(Baltic Sea)는 덴마크, 독일, 폴란드, 리투아니아, 라트비아, 에스토니아, 러시아, 핀란드, 스웨덴 등 9개국이 해안선을 공유하고 있다. 스웨덴은 발트해의 동쪽 해안선을 거의 다 점유하고 있으며, 서북쪽 해안선은 핀란드가 점유하고 있다. 덴마크는 발트해에 둘러싸인 반도 국가이다. 러시아는 해안선이 적지만, 내륙의 많은 호수와 강, 운하를 통해 북극해와 통하고 남쪽으로는 흑해와 연결된다.

발트해의 면적은 37만km²이며, 평균 수심은 55m에 불과하다. 가장 깊은 곳은 고틀란드섬 동쪽 해역으로, 수심이 463m이다. 발트해에는 보트니아만, 핀란드만, 리가만, 그단스크만 등 대형 만이 있다. 주요 섬으로는 스웨덴의 고틀란드(Gotland)섬과 욀란드(Öland)

섬, 덴마크의 질랜드(Zealand)섬, 핀(Fyn)섬, 롤란(Lolland)섬, 보른홀름(Bornholm)섬, 핀란드의 올란드(Åland) 섬, 에스토니아의 사례마(Saaremaa)섬과 히우마(Hiiumaa)섬 등이 있다.

발트해는 지형적으로 스칸디나비아반도와 유럽 대륙으로부터 돌출된 유틀란드(Jutland)반도로 인해 북해와 분리되어 있다. 양 반도 사이에는 비교적 넓은 스카게라크(Skagerrak) 해협과 카테가트(Kattegat) 해협이 있으며, 코펜하겐이 있는 셸란섬과 스칸디나비아반도의 말단에 있는 말뫼 사이에는 순드(Sund) 해협이 있다.

발트해는 북유럽 여러 나라의 수상 교통의 요지이다. 핀란드만과 수백 킬로미터의 운하를 통해 러시아의 백해(White Sea)와 연결되고, 나아가 바렌츠해를 통하여 북극해와도 연결된다.

발트해는 얕고 맑으며, 햇빛이 수심의 최저층까지 투과한다. 발트해 상공을 비행할 때는 자연경관과 섬들의 경관뿐만 아니라 저층의 모랫바닥까지도 관찰할 수 있다. 연안에는 많은 섬이 있으며, 호수의 나라 핀란드로부터 많은 양의 담수가 유입되어 염도가 낮다. 특히 연안의 수역은 염도가 매우 낮아 겨울철에는 바닷물이 동결된다.

발트해의 담수성 환경 요인은 이 해역의 생물상에 큰 영향을 미친다. 담수성 생물이 서식할 수 있으며, 패류 같은 저서생물과 가자미, 대구, 청어 등의 어류 자원이 풍부하다.

발트해의 도시들

발트해 연안에 있는 덴마크의 코펜하겐, 노르웨이의 오슬로, 스웨덴의 스톡홀름은 북유럽의 베네치아라고 불릴 만큼 운하가 발달해 있다.

스톡홀름(Stockholm)은 발트해 연안의 돌출된 반도와 작은 섬들이 서로 연결되어 형성된 도시다. 특히 왕궁이 위치한 감라스탄섬은 13세기 중엽부터 시작된 도시 발전의 근원지이다. 스톡홀름은 약 200만 명의 주민이 살고 있는 발트해의 중심 도시로, 오슬로와 함께 과학기술, 학술, 정치, 사회, 문화와 교통의 중심지다.

이 지역의 기후는 연중 가장 추운 1월의 평균 기온이 영하 1.6℃로 영하권에 접어들지만, 항구는 얼지 않는다. 가장 더운 7월의 평균 기온은 16.6℃에 불과해 비교적 온화하고 살기 좋은 기후를 자랑한다.

스톡홀름시는 과학 기술의 최고봉을 이루고 있는 노벨연구소가 위치해 있고, 매년 노벨상을 수여하는 주관 도시로서 세계적인 명성을 얻고 있다.

노벨(Alfred Bernhard Nobel)은 1833년에 태어난 세계적인 화학자이자 발명가로, 1896년에 서거하였다. 그는 다이너마이트를 발명했으며, 그의 형은 카스피해에서 유전 개발에 성공하여 노벨 가문은 유럽의 대부호가 되었다. 노벨상은 노벨이 모은 재산 일부를 유언에 따라 스웨덴 과학 아카데미에 기부하여 운영되고 있으며, 1901년부

스웨덴의 스톡홀름에 있는 감라스탄섬

터 5개 분야에서 가장 빛나는 과학자, 문학자, 그리고 인류의 평화에 공헌한 사람에게 시상되기 시작하여, 오늘날까지 명성을 이어가고 있다.

스톡홀름대학교(Univ. of Stockholm)는 1878년 사립 교육기관으로 설립되었다가 1960년에 주립 대학교로, 다시 1977년에 국립 교육기관으로 재편되었다. 이 대학교는 규모도 크고 명성도 있는 세계적인 대학교로, 학생 수는 약 3만 명, 교수진은 약 3,700명에 이른다. 부속 도서관에는 200만 권 이상의 장서를 보유하고 있다. 스톡홀름대학교는 자연과학의 기초 과학 분야가 특히 두드러져 수학, 물리, 화학, 생물, 지구물리학 분야에 각각 학장을 두고 운영할 만큼 교육 수준이 높고 과학 기술이 발달해 있다.

스칸디나비아반도 쪽으로 튀어나온 유틀란트반도가 덴마크 국토의 대부분을 차지하고 있으며, 코펜하겐은 카테가트 해협과 발트해를 가로막고 있는 질랜드섬의 동쪽 해안에 있다. 따라서 코펜하겐은 유럽 대륙과 스칸디나비아반도 사이 육상과 해상의 교통 요지이다.

코펜하겐은 물의 도시 베네치아와 비견될 만큼 도시 곳곳이 운하로 연결되어 있다. 그러나 이곳의 바다는 비교적 동적으로, 정적인 베네치아와는 정서적으로 다르다. 다시 말해, 발트해와 지중해는 바다의 성격과 자연경관이 다르다.

덴마크는 독일, 스웨덴, 노르웨이, 영국 등과 바다로 이웃하고 있으며, 많은 섬을 거느린 해양 국가이다. 특히 덴마크는 독일과 바다

덴마크 코펜하겐의 빌더스 운하

뿐만 아니라 육지서도 접경을 이루는 반도 국가이다. 코펜하겐은 인구 약 140만 명의 대도시로, 발트해의 중요한 무역항이자 문화, 예술의 중심지이며, 상공업의 중심지이다.

덴마크는 불후의 동화 작가 안데르센을 배출한 나라로도 유명하다. 그는 '인어공주', '들판의 백조', '미운 오리 새끼', '성냥팔이 소녀', '벌거벗은 임금님', '빨간 구두' 등의 주옥같은 동화를 창작했다. 그의 작품은 권선징악을 주제로 하며, 비운이나 불운의 처지를 참고 견디어 승리한다는 교훈을 담고 있다.

실자라인, 이동하는 섬마을

　　　　　　　　　　　실자라인은 발트해의 초호화 여객선으로, 스웨덴의 스톡홀름 항구에서 핀란드의 투르쿠 항까지 왕복 운행하는 거대하고 호화로운 국제 여객선이다. 이 여객선은 먼바다나 깊은 바다를 항해하지 않고 발트해 북부 연안을 따라 항해하기 때문에, 스웨덴과 핀란드의 수목이 풍부한 해안 자연경관과 연안 도시나 마을의 전경을 감상할 수 있다.

　이 여객선의 제원을 보면, 배의 길이는 171m, 넓이는 28m, 총 배수량은 34,414톤에 달한다. 순전히 적재할 수 있는 톤수는 17,841톤이다. 여객선의 항속은 22노트이며, 선실은 588개로 최대 2,023명의 승객을 수용할 수 있다. 차량은 306대까지 적재할 수 있다. 스톡홀름에서 핀란드까지 항해 거리는 241해리(nautical mile)이고 운행 시

발트해를 잇는 실자라인은 스웨덴에서 핀란드까지 운항하는 호화 여객선이다.

간은 11시간이다.

이 여객선은 거대한 10층 빌딩에 비견할 만큼 큰데, 배 안에 대형 면세점이 있어 각종 과자류, 술, 담배, 향수, 의류, 화장품 등이 비교적 저렴하게 판매된다. 또한 배 안에는 영화관, 수영장 등 다양한 위락시설이 설치되어 있다.

4층에서 7층까지 객실이 들어서 있는데, 2인 1실의 경우 침대는 2층으로 되어 있고, 샤워실이 있으며, 테이블과 의자도 있다. 객실의 높이는 2m 정도로, 침실의 기능을 가진 밀폐된 생활 공간이다. 거대한 배이지만 기관의 움직임을 미세하게 감지할 수 있다. 샤워실은 배수 시설이 원활하지 않고 공간이 좁으며 하수 냄새가 배어있어서 다소 비위생적으로 보인다.

　여객선의 식당은 뷔페식으로 다양한 메뉴의 식사를 마음대로 할 수 있다. 다양한 음료수는 물론 포도주, 맥주 등의 주류도 무제한으로 제공된다.

노르웨이의 바다와 피오르

노르웨이의 바다 자연

노르웨이(Norway)는 남북으로 약 1,700km의 길이를 가진 나라이다. 수도 오슬로가 위치한 남부는 폭이 약 400km이지만, 북쪽으로 갈수록 폭이 좁아져 보되와 나르비크 지역에서는 약 100km에 불과하다. 노르웨이는 스칸디나비아반도의 북쪽 해안을 모두 점유하고 있으며, 복잡한 해안선은 지구상에서 가장 독특한 자연환경 중 하나이다.

노르웨이는 다양한 바다와 접하고 있다. 북쪽으로는 북극해(Arctic Sea)와 접한 바렌츠해(Barents Sea), 서쪽으로는 노르웨이해(Norwegian Sea), 남서쪽으로는 북해(North Sea), 남쪽으로는 스카게락 해협(Skagerrak Strait)을 끼고 있다. 육상으로는 스웨덴, 핀란드, 러시아와 국경을 이루고 있다.

노르웨이해는 북극해의 일부로 취급되며, 그린란드해, 바렌츠해, 북극해 및 아이슬란드로 둘러싸인 해역으로, 가장 깊은 수심은 약 3,630m이다. 이 해역은 국토의 서북쪽 해안선으로부터 광대하게 뻗어 있으며, 북극권이 지나가는 영향으로 유빙이 흘러내리는 한계선이 설정되어 있다. 하지만 멕시코 만류의 난류가 흐르는 해역으로, 대구, 청어 등의 어류가 풍부하다.

북해는 영국, 프랑스, 벨기에, 네덜란드, 독일, 덴마크, 노르웨이로 둘러싸인 해역이다. 면적은 약 60만km²이며, 평균 수심은 94m로 얕다. 북위 55°C를 중심으로 길이 250km, 폭 95km, 깊이 20m~30m의 광대한 해저 구릉지대인 도거뱅크(Dogger Bank)가 위치해 있다. 이곳은 과거 대구, 청어, 광어, 가자미 등의 어류가 많이 어획되던 세계 4대 어장 중 하나였다. 그러나 유전 개발로 인해 현재는 어장이 많이 퇴락되었다. 북해의 염분은 대서양의 해수와 발트해의 해수가 섞여 있어 다양하다.

노르웨이의 피오르 자연

피오르 지형은 노르웨이, 덴마크, 그린란드, 알래스카, 러시아, 캐나다 등에서 발달해 있다. 이 지역들은 주로 북극해와 접하거나 인접해 있다. 특히 노르웨이의 전 해안에 발달한 피오르는 빙하기 동안 거대한 빙하가 침식하여 U자형 계곡을 이룬 것이다.

노르웨이의 해안은 매우 독특한 협만, 즉 피오르 지형으로 유명하다. 이 나라의 전 해안에 걸쳐 피오르가 발달해 있으며, 위도상 북극권에 속하면서 북단의 한대기후부터 남단의 비교적 온화한 기후까지 다양한 해안선을 자랑한다.

노르웨이의 해안선 길이는 약 20,000km로, 이는 우리나라 해안선 길이의 두 배 이상이다. 우리나라는 삼면이 바다로 둘러싸여 있으며 남해안에 약 3천 개의 도서와 서해안에 발달한 리아스식 해안을 포함해 해안선 길이가 약 10,000km에 이른다.

노르웨이의 피오르 해안

피오르의 생성 원인은 제4 빙하기에 해안에서 생성된 막대한 빙하가 빙식곡을 만든 것이다. 빙하기가 지난 후, 간빙기에 얼음이 녹아 사라지고 그 자리에 바닷물이 침입하거나 해면이 상승하여 U자형 계곡 속으로 바닷물이 들어온 것이다. 따라서 계곡의 양안은 절벽으로 이루어진 좁은 협만을 형성한다. 이러한 피오르 만은 입구부터 내륙 깊숙이까지 깊은 수심을 유지하는 것이 일반적이다.

노르웨이의 대형 피오르를 북쪽에서부터 몇 개 나열해 보면, 알타피오르(Altafjorden), 울스피오르(Ulsfjorden), 발스피오르(Balsfjorden), 안드피오르(Andfjorden), 오포트피오르(Ofotfjorden), 리제피오르(Lysefjorden), 폴드피오르(Foldfjorden), 트론헤임스피오르(Trondheimsfjorden), 송네피오르(Songnefjorden), 보크나피오르(Boknafjorden), 오슬로피오르(Oslofjorden) 등이 있다. 수만 개에 달하는 피오르가 노르웨이 전 해안에 존재한다.

송네피오르

송네피오르는 노르웨이 서해안에 있는 최장의 협만으로, 길이가 185km에 달한다. 이 피오르는 빙하의 침식으로 인해 수심이 무려 1,200m 이상이며, 협만 양쪽 해안은 깎아지른 절벽을 이루고 있다.

이곳은 난류인 멕시코 만류의 영향을 받아 기후가 온화하다. 가장 추운 2월의 평균 기온은 1℃~3℃이며, 가장 더운 7월의 평균 기온은 15℃ 정도이다. 또한 강우량이 연간 2,000mm에 달해 수량이

송네피오르

매우 풍부하다. 따라서, 협만의 절벽 곳곳에는 수백 미터에 이르는 폭포가 산재해 있어, 지구 경관 중에서도 최고의 절경을 자랑한다.

이러한 협만의 자연경관은 수로의 좁고 넓음과 함께 지형적, 기후적 특성을 조화롭게 나타낸다. 여름철의 경관은 원시림과 초원의 배경 속에 울퉁불퉁한 절벽과 폭포의 장관이 어우러지며, 변화무쌍한 일조와 강우, 운무의 변화가 신비로운 풍경을 만들어낸다.

피오르 주변은 산림이 울창하고, 해수면에 가까운 해안 단구나 평평한 곳에 작은 마을이 군데군데 형성되어 있다. 요컨대, 피오르 자연은 산, 바다, 해수면, 절벽, 폭포, 산림, 초원 등이 어우러져 아름다운 절경을 이루고 있다.

CHAPTER 6

유럽 대서양의 해양 생태계

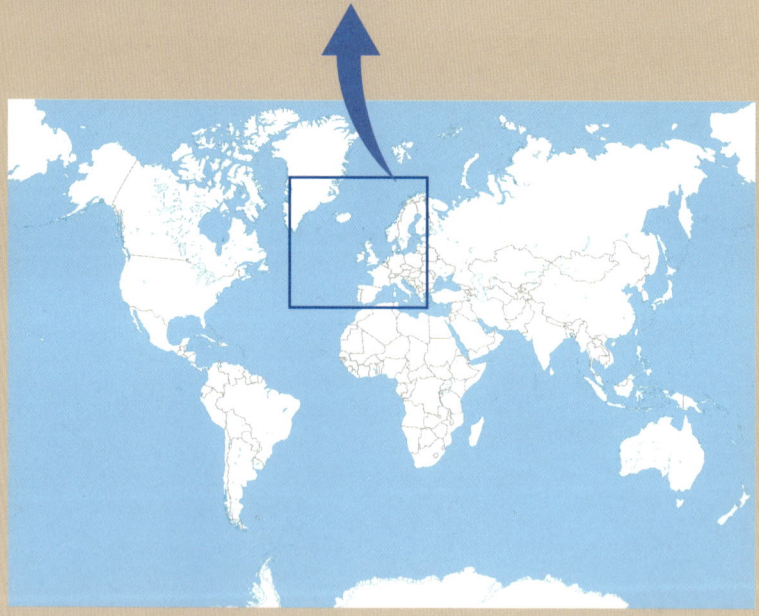

빙하의 나라 아이슬란드

아이슬란드의 바다

아이슬란드의 전 해역은 실제로 남쪽 일부 해역을 제외하고는 북극에서 흘러내리는 유빙의 영향을 받는 한대 해역이다. 그러나 남부 해역은 북극의 한류와 멕시코 만류가 상충하는 천혜의 어장 환경을 이루는 곳이다. 북극해는 만년설, 빙산, 빙하로 이루어진 극한 추위의 바다로, 한류의 근원이다.

그린란드섬은 북극점에 가장 인접한 동토 지대이다. 북극권에서는 기후변화가 심하며, 다양한 구름 경관이 펼쳐진다. 해양 생물이 풍부하여, 특히 연어와 대게가 대량 서식하고 있다.

아이슬란드의 서북쪽은 크게 돌출한 반도와 수많은 피오르가 발달해 있다. 북쪽은 여러 개의 큰 반도가 위치하며, 초대형 피오르가

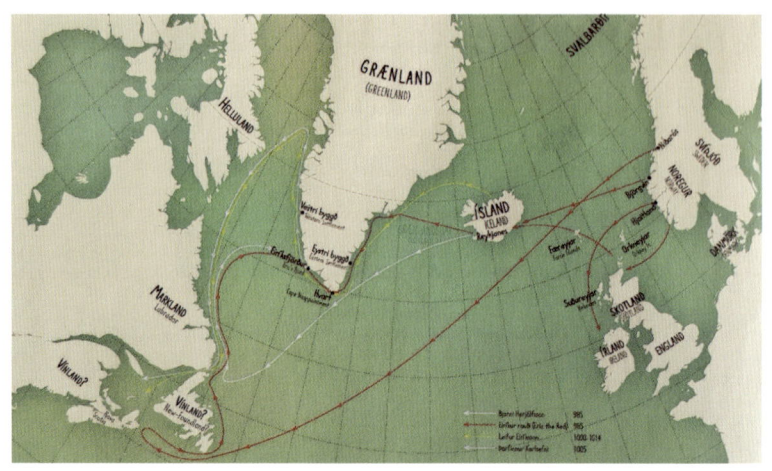

아이슬란드 해역 멕시코 만류의 흐름도

하나 있다. 해안선은 기복 없이 매끈하다. 아일랜드의 동쪽은 여러 개의 피오르가 나란히 형성되어 있으며, 해안선은 기복이 없다. 아이슬란드의 지형은 크게 보아 타원형을 하고 있으며, 해안선 길이는 4,970km에 이른다.

아이슬란드의 서쪽에는 남단과 북단으로 큰 반도가 돌출해 있어 수도 레이캬비크를 비롯한 항만을 원양의 강한 해류로부터 보호하는 방파제 역할을 한다. 남쪽 해안은 피오르나 항만이 전혀 형성되지 않은 매끈한 해안으로, 동·서·북쪽 삼면과는 전혀 다른 지형을 보인다. 북극의 유빙이 이곳까지는 남하하지 않으며 멕시코 만류만이 세력을 펼치는 해안이다. 이것이 아이슬란드의 해양 성격을 이루고 있다.

멕시코 만류가 흐르는 노르웨이의 바다는 연평균 온도가 같은 위도의 다른 해역보다 22℃ 이상 높은 이상 현상을 보인다. 멕시코 만류는 아이슬란드의 바다와 기후 환경을 완전히 지배한다.

아이슬란드는 어업이 발달할 수 있는 조건을 갖추고 있으며, 난류와 한류의 만남은 어장 형성에 최적의 조건 중 하나이다. 또한 이 나라는 북극해와 인접하여 고래, 연어, 대구, 새우 등의 수산물이 풍부하다. 특히 고래의 서식처인 북극해는 풍부한 어획 자원을 제공하여 산업의 발달로 이어지고 있다.

아이슬란드의 빙하

아이슬란드는 '얼음의 나라'라는 뜻으로, 국토가 대소의 빙하로 뒤덮인 동토대이다. 빙하는 섬 전체에 분포되어 있으며, 국토 면적의 23% 이상을 차지한다. 이러한 빙하는 아이슬란드의 상징물로, 자연 경관을 이루고 있다. 또한 분출하는 화산들은 여러 가지 에너지 자원이 되기도 하고 특히 관광 자원의 역할을 하고 있다.

아이슬란드의 주요 빙하 몇 개를 열거하면 다음과 같다.

바트나예퀴들(Vatnajökull) : 이 빙하는 면적이 8,300km²로, 국토의 8% 이상을 차지하며, 우리나라의 도(道) 면적만큼 크다. 빙하의 두께는 400m~1,000m로, 유럽에서 가장 큰 빙하다. 북극에서 가장 큰 빙하는 북극점 근처 스발바르 제도의 노스이스트란드섬에 있는 에우스트폰나 빙하다.

랑예퀴들(Langjökull) : 이 빙하는 수도 레이캬비크에서 멀지 않은 곳에 위치한 아이슬란드에서 두 번째로 큰 빙하로, 길이 50km, 폭 20km, 면적은 953km²다. 가장 두꺼운 얼음층은 580m에 이르며, 일종의 빙산을 이루고 있다.

호프스예퀴들(Hofsjökull) : 이 빙하는 높이 1,765m, 면적 925km²로, 아이슬란드에서 세 번째로 큰 빙하다. 섬의 내륙 중앙부에 위치하고 있으며, 원형 모양으로 형성되어 있다. 바트나예퀴들(Vatnajökull)과 랑예퀴들(Langjökull) 사이에 위치한다.

미르달스예퀴들(Myrdalsjökull) : 이 빙하는 아이슬란드 서남쪽에 있는 관광 명소로, 면적은 596km²다. 아이슬란드의 남단부에 형성되어 있으며, 멕시코 만류의 영향을 받는 지역과 인접해 있다. 따라서 기후변화에 민감한 곳이다.

블루라군의 자연

블루 라군은 독특한 온천 호수로, 커다란 연못과 같은 노천 온천장이다. 물의 온도는 39℃로 유지되며, 뿌연 하늘색을 띠고 있고 칼슘 농도가 매우 높다. 물의 깊이는 약 1.5m이다.

수온과 기온의 차이는 30℃ 이상으로, 온천수에서 끊임없이 수증기가 증발하여 지표면에 물안개를 형성해 시야를 가린다. 그러나 지상의 기온은 5℃~10℃ 정도로 쌀쌀하다.

이곳은 비가 수시로 내리고, 강한 바람이 빗방울을 흩날리기도 한다. 하늘은 진한 먹구름이나 흐린 구름으로 덮여 있으며, 대기는 안개로 가득 차 있어 날씨가 수시로 변한다. 드물게 햇빛이 구름 사이로 비치기도 하지만, 대부분은 먹구름에 가려져 날씨가 어둡거나 우중충하다. 이러한 일기는 연중 지속된다.

아이슬란드의 자연 현상은 열대 해역에서 밀려오는 멕시코 만류의 영향이 크다. 북극권에 가까운 이곳은 여름이 짧고 겨울이 길며, 일조량이 적고 구름이 해를 가린다. 그래도 따뜻한 바닷물과 화산

아이슬란드의 블루 라군

의 마그마 덕분에 기온이 온화하게 유지된다. 안개, 비, 바람이 기후를 지배하여 사람이 살기에는 부적절한 불모지로 여겨질 수 있다.

　지구상에는 전쟁과 난민들이 끊이지 않는데, 이곳은 상대적으로 평온한 별천지이다. 그렇다고 사하라 사막처럼 절대적인 불모지는 아니며, 살아가는 것이 불가능할 만큼 가혹한 환경도 아니다. 다만 햇빛이 항상 구름에 가려져 있다는 점이 특징이다. 기후변화로 햇빛이 더 많이 비치게 된다면, 이곳은 블루오션의 낙원이 될 가능성이 크다. 이 지역은 햇빛의 중요성을 실감하게 하는 곳이다.

아이슬란드

물과 불의 나라
사람이 살 수 없는 불모지
사하라보다도 더 살벌하다.

여름의 폭서가 10℃
겨울의 강추위도 -10℃ 정도
땅속에는 불덩이가 들끓고
땅 위에는 수증기로 가득 차 있다.

땅바닥은 온돌처럼 따듯하고
대지에는 얼음이 쌓여 빙하를 이루고
사람들은 물과 불 사이에서 살아간다.

풍부한 수력발전에
천연자원의 보고인 나라
길이 없고 사람이 없어
개발이 필요 없는 나라

물고기도 한없이 많다.

한류의 물고기가 날뛰고
난류의 물고기는 우왕좌왕
먹을 사람도 잡을 사람도 없다.

세상은 공평한가 보다
차고 넘치면 뭘 하나
일할 사람이 없고 먹을 사람이 없는데.

넓고 넓은 세상이건만
사람은 햇빛만 찾아 모여 산다.

아일랜드의 바다

아일랜드 바다의 자연

아일랜드해(Irish Sea)는 영국(Great Britain)과 아일랜드 사이의 바다이다. 이 바다의 북쪽으로는 노스 해협(North Channel)을 통해 북대서양과 접하고, 남쪽으로는 세인트조지 해협(St. George's Channel)을 통해 켈트해(Celtic Sea)와 연결되어 대서양과 만난다. 이렇게 아일랜드해는 두 개의 큰 섬 사이에 있어 내해의 성격을 띠고 있다.

아일랜드해는 멕시코 만류의 절대적인 영향을 받으며, 기상도 이 해류의 영향을 크게 받는다. 멕시코 만류는 영불 해협과 아일랜드해뿐만 아니라 아이슬란드의 남부 해역까지 북상하며 해양 환경을 지배한다.

아이슬란드 대부분의 해역은 북극권에서 내려오는 유빙의 영향권에 있지만, 멕시코 만류가 북상하여 한류와 상충하면서 해황과 기후에 복잡한 변화를 만든다.

율리시스 연락선

율리시스 연락선은 아일랜드가 2001년에 건조한 대형선박으로, 더블린과 영국의 홀리헤드(Holyhead) 항구 사이를 운항한다. 이 배의 이름은 제임스 조이스의 명작 '율리시스'에서 이름을 따서 지어졌다. 배의 길이는 209.2m이고 폭은 31.84m이며 1,875명을 탑승시킬 수 있다. 배의 무게는 50,938톤, 항해 속도는 20~21노트이다. 승무원 수는 125명으로, 이 배는 마치 움직이는 작은 마을 같다. 특히 자동차, 버스, 화물차 운반에 중점을 둔 선박이다.

스코틀랜드와 아일랜드를 잇는 율리시즈 연락선

더블린에서 홀리헤드까지 거리는 137km이고 항해 시간은 2시간 30분이다. 이 연락선에는 승용차, 버스, 화물차를 1,342대까지 선적할 수 있다.

항해 중에는 강한 바람과 비, 높은 파도로 대형 선박이라도 다소의 영향을 받을 수 있다. 이는 멕시코 만류가 적도 해역의 태양 열기로 더워진 채 북미 대륙을 거쳐 유럽 대륙까지 흘러들어 스페인, 포르투갈, 프랑스, 영국의 영불 해협과 켈트 해협, 그리고 아이슬란드까지 영향을 미치기 때문이다. 이 해류는 기후를 상당히 변화무쌍하게 만든다.

따라서 이 해류가 흐르는 연안 지역은 따뜻한 습기, 비, 바람, 구름으로 인해 습한 기후를 형성한다. 이 해류의 영향을 받는 곳에서는 어류와 해조류가 비슷한 자생력을 지닌다.

자이언츠 코즈웨이(Giants Causeway)

이곳은 대서양과 접하고 있는 북아일랜드의 영국 영토이다. 벨파스트(Belfast)에서 108km 떨어진 해안 지방으로, 유네스코가 지정한 세계 4대 주상절리 중의 하나다. 해안 전체가 주상절리 바위로 이루어져 있어 절묘하게 아름답고, 자연경관이 그대로 잘 보존되어 있다.

'자이언츠 코즈웨이'라는 이름은 '거인의 둑길'이라는 뜻으로, 지각 활동으로 형성된 수많은 돌기둥이 파도의 물거품과 어우러져 장관을 이루고 있다. 이곳은 멕시코 만류의 영향으로 비, 구름, 안개, 바람이 섞여 바다와 해안의 풍광을 이루며, 강한 바람으로 기후가 차갑게 느껴진다.

이곳은 하나의 만으로, 만의 연안 전체에 병풍처럼 주상절리가 세워져 있거나 물에 잠겨 있다. 주상절리의 돌무더기는 파도에 직접 부딪히거나 바닷물에 접해 있어 독특한 면모를 보인다. 연안에는 파

영국 벨파스트 해안 자이언트코즈웨이의 주상절리

도의 하얀 물거품이 시원하게 많이 만들어지며 절경을 이룬다.
　해안의 토양에는 수많은 종류의 풀들이 자라고, 토양이 넉넉한 곳에는 초원이 형성되어 주상절리의 환경을 마치 수를 놓은 듯 돋보이게 한다. 이곳에서 쉽게 볼 수 있는 초본으로는 질경이, 엉겅퀴, 클로버 등이 있다.

스코틀랜드의 바다

스테나 라인과 스코틀랜드의 바다

스테나 라인(Stena Line)은 북아일랜드의 수도 벨파스트의 캐릭퍼거스(Carrickfergus) 항에서 스코틀랜드의 스트랜라(Stranraer) 항까지 운행되는 연락선으로서, 노스 해협(North Channel)을 항해한다. 항구에서 항구까지의 거리는 64km이다.

스테나 라인은 30,285톤 규모로, 배의 길이는 203m, 폭은 25m이다. 2001년에 건조한 이 배는 항속이 23노트이며, 자동차 660대와 여객 1,200명을 수송할 수 있다.

스테나 라인의 2018년 8월 28일 오후 항해 상황을 보면, 아일랜드해의 간만의 차이는 7m, 남서풍(Wind southwest)이 다소 불고 있었으며, 선박의 속도는 16노트, 조류의 속도는 0.5노트였다. 이 지역의 수심은 250m였고, 수표면의 온도는 14℃, 수심 50m의 수온은 8℃, 수심 100m의 수온은 5℃였다. 수심 100m 사이에 수온 변화가 9도나 되는 것은 큰 차이이다.

이러한 변화는 상당히 차가운 한류 대를 이루고 있음을 나타내는 것이다. 그러나 표면의 수온은 멕시코 만류의 북상으로 온난함을 보인다. 아일랜드해는 심해의 성격을 나타내지만, 복잡한 수문학적 특성을 지니고 있다. 다시 말해, 북대서양의 해저류가 저층에 흐르며 멕시코 만류가 표층류로 자리잡고 있음을 알 수 있다.

북해 해로는 대서양과 연결되어 있으며, 북부 스코틀랜드의 많은 섬들과 리아스식 해안의 반도들로 인해 복잡한 해역을 이루고 있다. 따라서 해류의 이동이 섬들로 인해 방향이 바뀌어 선박 운행에 영향을 줄 수 있다. 이 지역은 안개가 자주 끼어 선박 운항에도 영향을 미친다.

북부 아일랜드의 멀로 베이(Murlough Bay)와 스코틀랜드의 킨타이어 곶(Mull of Kintyre)은 가장 좁은 해협으로, 해상의 직선거리는 약 10km이다. 내해와 같은 아일랜드 바다도 수심이 상당히 깊으며, 멕시코 만류의 북상하는 힘이 강하고 수량도 많아서 조석의 차이가 크다.

이로 인해 북대서양과 멕시코 만류의 해류 이동은 해양 생태에 큰 영향을 미친다. 조석의 차이가 클수록 생태계의 성격도 독특해지며, 해류를 따라 이동하는 어류로 어장이 형성되고 다양한 어류

북대서양과 멕시코 만류의 흐름

가 어획된다. 이 때문에 북해에 좋은 어장이 형성되는 것이다.

　이 해협은 멕시코 만류가 북상하는 해로이며, 조석의 차이가 매우 크다. 따라서 갯벌의 면적도 넓고 해조류와 저서생물이 많이 자생한다. 북극권에 인접해 한랭한 기후에도 불구하고 따뜻한 바닷물로 인해 대기는 안개, 구름, 비가 수시로 교차하여 습기로 가득하다.

　이 해역은 북극의 한랭 기후와 멕시코만의 온난한 바닷물이 만나 새로운 기후대를 형성한다. 이 지역은 다습하여 육상 식물 중 이끼류의 번식이 두드러진다. 또한 겨울에는 비, 안개가 눈과 서리로 변해 얼음과 빙하의 나라를 이룬다.

영국의 바다

영국은 섬나라로서 해양의 영향을 크게 받는다. 동서남북의 해양 환경이 서로 다르고 멕시코 만류의 강한 영향권 아래 있다. 그러나 멕시코 만류의 세력이 지역마다 달라 복잡한 해양 환경을 이루고 있다. 남으로는 영불 해협, 동으로는 아일랜드 바다, 서쪽으로는 북해, 북쪽으로는 대서양과 접하고 있다.

멕시코 만류는 따뜻한 난류로 바다 환경과 기후에 강력한 영향을 미친다. 예로서, 노르웨이 서쪽 해역은 지구상의 같은 위도에 있는 다른 지역보다 연평균 기온이 무려 22℃ 이상 높아 기상 이상 현상이 발생한다. 아이슬란드의 수도 레이캬비크는 높은 위도에 있으면서도 가장 추운 1월의 평균 기온이 1℃로 비정상적으로 따뜻하여 아열대성 식물과 레몬 나무도 자랄 수 있다.

그러나 멕시코 만류의 속도가 느려지면서 미국과 유럽 기온이 하강하고 있다. 이는 북극의 만년설이 녹아 북대서양으로 흘러가는 담수의 양이 증가했기 때문이다. 만년설의 해빙 속도는 1900년부터 1970년까지 8,000km³였으나, 1970년에서 2000년까지는 13,000km³로 30년 동안에 빠르게 증가했다.

염도가 낮은 물은 높은 물의 상층에 깔리며, 북극에서 흘러내리는 담수는 멕시코 만류의 흐름을 막고 유속을 느리게 해 유럽의 기후에 영향을 미친다. 온난화로 북극 만년설이 급속히 해빙되면서 기상 이변을 발생시키고 있다. 지난 20년간 빙하는 40%가 녹아 두께가 얇아지고 북극항로가 개설되었다. 이러한 추세라면 2030년대에는 만년설이 없어질 가능성이 있으며, 늦어도 2080년대에는 완전히 사라질 것으로 보인다. 이는 지구의 온난화에 따른 생태계의 큰 변화를 예고한다.

런던 시내를 관통하는 템스강은 잉글랜드에서 가장 크고 긴 강으로, 길이는 346km, 유역 면적은 13,400km²이다. 템스강은 영불 해협까지 약 100km 거리에 있지만, 조수의 차이가 무려 7m에 이른다.

템스강의 하구는 넓고 바다와 연결되어 있어, 해수는 런던 시내의 강물까지 밀려 들어온다. 큰 간만의 차이는 야간 선박 운항에도 영향을 미친다. 템스강의 물은 황토색이고 탁하며, 세스톤이 많아 투명도가 낮다. 교각과 방파벽에는 조수의 차이가 극명하게 드러난다.

하늘에서 내려다본 템즈강 하구

   템즈강 양안에는 조수의 영향으로 녹조류가 왕성하게 자라고 있다. 이 수역은 담수 생물과 해수 생물이 섞여 있어 종의 다양성이 큰 기수역을 이룬다. 생태 보고로는, 템스강에는 100여 종 이상의 물고기가 서식하고 있다. 한때 템스강은 오염으로 생태계가 파괴되어 물고기가 떼죽음에 이를 지경이었으나, 부단한 노력으로 현재는 자연생태계가 회복되었다.

독일, 함부르크항

함부르크시의 자연

함부르크(Hambourg)는 라인강 하구에 있는 북해를 접하는 항구 도시로, 알스터(Alster)호수를 지니고 있다. 시청사는 고풍스러운 외모를 자랑하며, 건물 요소마다 조각된 동상들이 서 있다. ㅁ자 형태의 건물의 안쪽에는 분수대가 있고, 분수대 턱에는 젊은 남녀들이 삼삼오오 모여 여유롭게 휴식을 즐기는 모습이다.

함부르크시에는 엘베강과 알스터호수, 그리고 바다를 연결하는 운하가 있어 수상 교통이 발달해 있다. 운하는 구역에 따라 넓거나 좁기도 하며, 주택가를 지나기도 하고 바다와 연결되기도 한다. 바닷물이 밀려오는 수로에서는 파도가 밀려오고 커다란 배가 왕래한다. 관광객을 태운 크루즈도 있다. 그러나 알스터호수와 도심 수로의 물은 탁하고 오염되어 있으며, 일부 수로는 걸쭉한 녹조로 오염이 심각하다.

함부르크 항만청 지대에는 바다와 연결된 잘 정비된 운하가 있다. 이곳의 물 색깔은 청색이 섞인 흑색으로 보이며, 물의 양이 많고 파도가 심하게 출렁인다. 이곳에는 붉은 벽돌로 지어진 대형 건물인 세계해양박물관이 있다. 운하 위 교량 중에는 부산시와 자매결연을 맺고 2012년에 세워진 부산교가 있으며, 한국의 거리도 조성되어 있다.

세계해양박물관은 10층에 걸쳐 전시장을 갖추고 있으며, 인류 역사상 사용된 다양한 선박의 모양을 전시하고 있다. 이 전시장은 크

함부르크시를 관통하는 함부르크 운하

고 작은 선박 모형으로 가득 차 있으며, 체계적으로 정리되어 있다.

특히, 이순신 장군의 거북선도 세밀한 설명과 함께 전시되어 있다. 이렇게 많은 선박 모형이 전시된 곳은 세계적으로도 드물다. 또한 선박의 발달사와 함께 사용된 해상 도구, 선원들의 복장, 총기류까지 전시되어 있다.

포르투갈의 바다

포르투갈 대부분의 해안은 북대서양으로 흐르는 멕시코 만류의 영향을 받으며, 국토는 대서양의 바다 영향권에 있다. 남부 해안은 아프리카의 카나리아 한류의 영향을 받으며, 멀리 떨어진 원양에서는 난류인 멕시코 만류와 한류인 카나리아 해류가 만난다.

포르투갈 남부 해안은 카다스만 상단을 차지하고 있는데, 카다스만의 중앙이 바로 지브롤터 해협이다. 이곳은 대서양과 지중해의 해류가 활발하게 교류하는 곳이다. 이에 따라 포르투갈 남부 지역은 대서양과 지중해의 영향을 모두 받는다.

리스본의 최서단 호카곶(Cabo da Roca)은 유라시아 대륙의 최서단이자 리스본의 최서단으로, 대서양과 만나는 땅끝이다. 이곳은 강

유라시아 대륙의 서쪽 끝에 위치한 호카곶

력한 해풍으로 인해 '바람의 언덕'이라 불리며, 해양스포츠 단지로 유명하다. 긴초 해안 마을에서는 파도타기 경기와 윈드서핑 등 각종 국제 해양 스포츠 대회가 열린다. 이 지역의 자연경관은 파도의 하얀 거품, 쌩쌩 불어대는 바람, 대서양과 지중해 해류의 조화로 특이하고 아름답다.

바스쿠 다 가마(Basco da Gama)는 인도 항로와 남미 항로를 개척하여 포르투갈의 영토 확장에 공헌한 항해의 왕이다. 1497년 네 척의 탐험대를 이끌고 리스본을 출발하여 남미 항로를 개척하고 브라질을 포르투갈의 문화권으로 확보했다.

바스쿠 다 가마는 1497~1499년, 1502~1503년, 1524년에 세 차례 인도를 방문하였으며, 유럽에서 아프리카 남해안과 희망봉을 돌아 인도의 캘리컷까지 6,400km를 항해했다. 확실치 않으나 그는 1460년 혹은 1469년에 태어나 1524년까지 생존했다.

이 항로 개척으로 포르투갈은 남미의 브라질, 아프리카의 모잠비크, 앙골라, 카보베르데 등을 식민지로 삼아 자국의 언어와 문화를 이식했다.

CHAPTER 7

아메리카 대서양의 해양 생태계

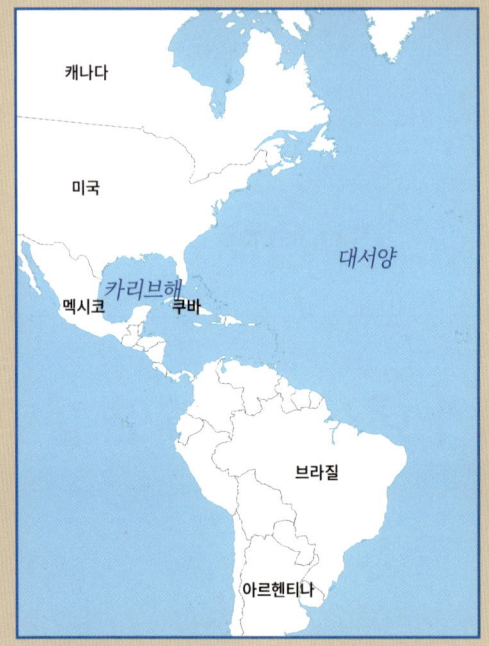
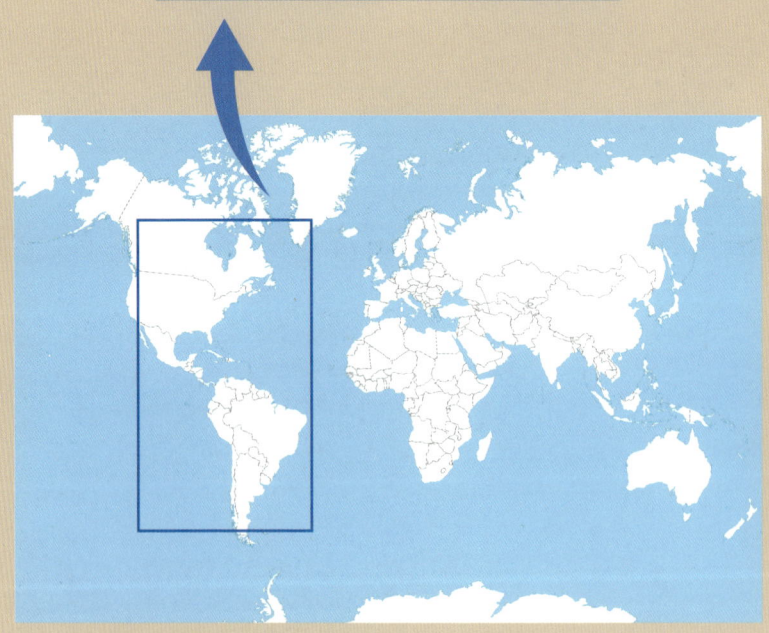

미국, 대서양의 자연

미국 동부의 대서양 해안

 아메리카의 두 개의 대륙과 유럽, 아프리카 대륙으로 둘러싸인 대서양은 우리나라 남한 면적의 1천 배가 넘는 106,460,000km²에 해당하는 광대한 대양이다. 적도를 기준으로 대서양은 북대서양과 남대서양으로 구분된다. 북대서양은 캐나다, 미국, 멕시코와 유럽의 스칸디나비아반도, 영국, 프랑스, 이베리아반도, 지브롤터 해협, 아프리카 해안과 접하고 있다. 남대서양은 브라질과 아르헨티나, 아프리카의 가봉, 콩고, 앙골라, 나미비아, 남아프리카공화국 등과 접한다.

 대서양은 태평양의 절반 크기이지만, 방대하고 변화무쌍한 경관을 가지고 있다. 미국의 대서양 연안은 아한대에서 열대까지 기후가 다양하며, 지리적 경관도 매우 다채롭다. 서고동저(西高東底) 현상으로 미국 동부 지역은 저지대(Wet Land)가 많고, 복잡한 해안선과 아름다운 해안 경관을 형성하며, 동부 지역에는 대도시가 밀집해 문화의 중심적 역할을 한다.

우즈홀(Woods Hole)은 대서양의 북부 연안에 있는 지역으로, 인근 대도시로는 보스턴(Boston)과 뉴베드퍼드(New Bedford)가 있다. 자연 지리적으로 우즈홀 해안은 미국이 캐나다와 국경을 이루는 메인(Maine)주의 칼레스(Calais) 지역 다음으로 대서양 쪽으로 돌출되어 있으며, 케이프 코드(Cape Cod) 반도의 남쪽 연안에 있는 자연경관이 아름다운 해안 마을이다.

위도 상으로는 북위 41° 30′에 위치하며, 내륙의 아한대성 기후 대신 대서양의 해양성 기후 영향으로 온화하고 다습하다. 이에 따라 수목 경관이 대단히 울창하다. 우즈홀 해안은 해양 생물이 풍부하며, 고래의 서식 환경까지 관찰할 수 있는 마서스비니어드(Martha's Vineyard)섬과 난터켓(Nantucket)섬의 해역과 인접해 있다.

우즈홀(Woods Hole) 마을에는 세계적인 해양과학의 요람인 우즈홀 해양연구소(Woods Hole Oceanographic Institution)가 있다. 이 연구소는 대서양을 전담하여 연구하는 초대형, 초일류 해양연구소로, 이 지역을 세계적인 명소로 만들고 있다. 미 서부에는 태평양을 전담하여 연구하는 스크립스 해양연구소(Scripps Institution of Oceanography)가 있어, 두 연구소는 해양과학 분야에서 쌍벽을 이룬다.

미국 내 해양 연구기관 간에도 우수성을 놓고 치열한 경쟁이 벌

대서양을 전담 연구하는 우즈홀해양연구소

어진다. 1위, 2위를 다투는 연구소는 우즈홀(Woods Hole)과 스크립스(Scripps)이고, 그 외에 상위권에서 경쟁하는 곳은 오리건(Oregon), 마이애미(Miami), 텍사스(Texas), 워싱턴 D.C.(Washington D.C.), 노스캐롤라이나(North Carolina), 델라웨어(Delaware), 로드아일랜드(Rhode Island) 그리고 버지니아(Virginia)의 윌리엄&메리(William & Mary)대학교와 올드 도미니언(Old Dominion) 대학교 등의 대학들마다 제각기 뛰어난 업적을 자랑한다.

우즈홀 연구소의 역사와 전통은 해양과학 분야에서 엄청난 기술과 노하우를 지닌 미국의 엘리트 집합체로, 세계의 명석한 학생들이 모여 공부하고 있다. 이 연구소는 MIT(Masatchsetts Institute of

Technology)와 연합한 연구진이 교류하면서 해양공학 분야의 연구가 활발하다. 또한 미국에서 해양학 분야 연구비를 가장 많이 유치하는 연구소이기도 하다.

필자가 이곳을 며칠 방문했을 때, 하비슨 박사(Dr. Harbison)와 연구소장 개고신 박사가(Dr. Gagosin) 체류에 불편함이 없도록 여러 가지로 배려해 주었다. 그리고 기쁘게도 필자의 특별 세미나에 이미 은퇴한 원로 해양학자들까지 참석하여 격려해 주었다.

롱아일랜드의 해안 자연

롱아일랜드(Long Island)는 뉴욕 일부를 구성하는 브루클린(Brooklyn)과 퀸스(Queens) 지역을 포함하여, 뉴욕의 번화가인 맨해튼(Manhattan)섬까지 다리 또는 터널로 연결되어 있다. 이 섬은 뉴욕시의 동북쪽 대서양 변으로 약 192km 길게 뻗어 있는 큰 섬이다.

롱아일랜드의 해안 경관은 광활한 모래사장으로 이루어져 있으며, 오염 물질이 거의 없는 깨끗한 경관을 자랑한다. 필자가 4월 말에 방문했을 때, 대서양의 원양으로부터 밀려오는 조석과 파도가 모래와 섞여 탁한 물을 보였고, 물의 색은 검은 색에 가까운 짙은 청색을 띠고 있었다. 수온은 매우 차가웠으며, 이는 겨울에서 봄으로 바뀌는 절기와 북쪽 한류의 영향 때문이었다.

롱아일랜드는 북위 40도를 넘는 곳에 있지만, 기후는 온화하고 평탄한 저지대 평원으로, 눈에 띄는 구릉이 없다. 이는 미국의 서고

롱아일랜드의 퀸즈에서 뉴욕을 한눈에 바라다본 풍경

동저 현상을 잘 나타내는 일면이다. 해안은 대부분 가늘고 흰 모래사장으로 이루어져 있으며, 모래알의 색이 곱다. 해안은 깨끗하고 자연스러워 뉴욕 대도시 시민들이 쉽게 찾아오는 해수욕장 역할을 하고 있다.

버지니아주의 해안 자연

버지니아(Virginia)주에 인접한 체서피크(Chesapeake)만 입구의 북쪽 지형은 폭이 좁은 반도인데, 밖으로는 대서양 해안이고 안쪽으로는 친코티그만의 연안이다. 대서양 해안 경관은 평탄한 저지대를 이루며, 섬들이 산재해 있다. 이 해안은 수심이 낮아 어패류의 천연 양식장과 같으며, 특히 조개류가 풍부한 해안 생태계를 자랑한다.

이 해안은 자연 그대로 보존되어 개발이 전혀 이루어지지 않았다.

여름철에는 야생말의 떼가 얕은 수역에서 물놀이를 즐기는 모습도 볼 수 있다.

반도의 다른 한쪽인 체서피크만의 연안 수역의 경관도 아름답다. 이곳은 톱니 모양의 리아스식 연안으로, 체서피크만의 하구 섬들이 경관을 더해주어 유람선이 지나는 관광 명소가 되고 있다.

체서피크만의 입구에 밀집해 있는 도시로는 체서피크, 햄프턴(Hampton), 뉴포트뉴스(Newport News), 노픽(Norfolk), 포츠머스(Portsmouth), 버지니아비치(Virginia Beach) 등이 있다. 이 지역을 대표하는 도시는 항구도시 노픽(Norfolk)으로, 이곳에는 미국 대서양함대의 본부가 있으며, 6·25 때 참전 지원군이 발진한 역사적 기록이 있는 도시이다.

이 해군기지는 규모 면에서 대단히 크며, 거대한 항공모함들의 위용에 압도될 만하다. 이런 항공모함에 비해 상대적으로 작은 9,300톤의 정보함을 방문하여 해군의 정보 기능에 대한 설명을 두 시간 동안 들을 기회가 있었다. 모든 전략, 전술, 정보 수집이 전자과학화되어 매우 조직적이고 정확하다. 대서양에 떠 있는 어떤 선박이나 물체도 파악할 수 있는 능력이 있다고 한다. 과거 6·25를 생각해 보면, 이곳의 군사력이란 해양과학, 전자과학, 군사과학이 결합한 종합과학이라고 생각한다.

노픽의 항구에 1994년에 개관된 노티커스(Nauticus) 해양박물관은 전통적인 박물관과 달리 해양과학과 전자과학(Computer Science)이

미 해군 전함 해리 S. 트루먼호가 노퍽 시내 해안가를 지나 엘리자베스 강을 거슬러 올라가고 있다.

융합된 것이 특징이다. 풍부한 해양 자료가 컴퓨터에 입력되어 있어 관람객은 관심에 따라 바로바로 시청각적으로 모니터에서 확인할 수 있다. 해양 영화 상영은 해양 환경과 생물에 대한 경관을 제공하며, 해양 생태와 해양오염에 관한 실험실도 있어 일반인의 이해를 돕는다.

올드도미니언(Old Dominion)대학교의 해양학과와 해양연구소는 미 동부의 중심 해안 지역에 위치하고 있으며, 해양학 연구가 활발하다. 연구 분야는 물리 해양학, 지질 해양학, 화학 해양학, 생물 해양학으로 나뉘며, 물리 해양학이 강세를 보인다. 이 학과에는 약 20명의 교수가 있으며, 100여 톤의 실험 조사선을 비롯한 다양한 연구 시설을 갖추고 있다.

이곳에서 자동차로 한 시간 거리에 있는 윌리엄 & 메리 칼리지

(William & Mary College)는 부설 해양연구소 VIMS(Virginia Institute of Marine Sciences)는 체서피크만의 경관이 뛰어난 곳에 위치해 있다. 연구 인력이 4백~5백 명이나 되는 방대한 규모의 해양연구소이다. 이 연구소는 지질해양학, 특히 퇴적학 분야에 강세를 보이며, 수산 양식, 특히 굴 양식에 관심을 가지고 연구하는 점이 다른 연구소와 차별된다.

노스캐롤라이나주의 해안 자연

노스캐롤라이나(North Carolina)주의 해안 자연은 마치 해안 방파제를 쌓은 듯이 가늘고 기다란 여러 개의 섬이 일렬로 늘어서 있어 해안 저지대를 대서양으로부터 거의 완전히 분리하며, 내륙으로는 거대한 해안 호수를 자연스럽게 형성하고 있다. 이 호수는 대서양의 물과 자유롭게 교류하며, 강수량이 많은 내륙의 하천으로부터 많은 양의 담수가 유입된다. 대표적인 예로 앨버말사운드(Albemarle Sound)나 팜리코사운드(Pamlico Sound)가 있으며, 규모가 크고 독특한 해안 생태계를 이루고 있다. 이 섬들은 폭은 매우 좁아 자동차길 양편으로 한쪽은 바다, 한쪽은 호수로 광활한 수평선을 볼 수 있다.

대서양 쪽 해안은 거의 모래밭으로 이루어져 있으며, 해풍이 강해 수목이나 초본류의 자생이 거의 없고, 약간의 갈대류가 자라는 정도이다. 이 지역은 마치 사막과 같은 해안 경관을 나타내며, 대양에서 밀려오는 파도가 경관을 더해 주어 그대로 방치된 모습이다.

다른 한편, 해안 호수의 자연경관은 습지(Wet Land)의 성격을 반영한다. 해안 호수의 수질은 주로 대서양의 해수로 이루어져 있지만, 강물이 유입되어 염도가 낮은 기수호가 된다. 수심이 매우 낮고 대서양 해류나 파도의 영향을 거의 받지 않아 수면이 대체로 잔잔하다. 따라서 윈드서핑, 보트 놀이 같은 수상 스포츠장으로 활용된다.

기수호의 특징 중 하나는 강물로부터 많은 양의 영양염류가 유입되어 식물성 플랑크톤이 번성해 물꽃(Water Bloom)이 자주 발생하는 것이다. 이 호수의 물은 파란색을 띠며 투명도가 낮다. 어패류의 수산 양식이 이루어지지만, 소비가 적어 활발하지 않다.

해안 호수 주변에는 수목이 번성해 방대한 자연 원시림을 이루고 있다. 이 지역은 풍부한 햇빛과 강우량 덕분에 수중 및 육상식물의 광합성에 최적의 환경을 제공한다. 따라서 세계적인 습지대의 수목 경관과 함께 수류의 녹색 경관을 형성하고 있다.

대서양의 방대한 해안선에 롱아일랜드(Long Island) 이남으로 가장 돌출된 곳은 해터러스곶(Cape Hatteras)이며, 이곳에는 높은 해터러스 등대가 있다. 해터러스섬에서 7.2km 떨어진 오크라코크섬(Ocracoke Island)은 자연 방조제 역할을 한다. 이 두 섬 사이에는 무료 페리 선박이 정기적으로 운행되어 교통이 매우 편리하다.

해터러스 등대에서 오크라코크 남단까지 일직선으로 배열된 섬들은 미 대서양변의 자연 방조제 역할을 하며, 대서양 해변과 팜리코사운드의 해안 호수를 형성한다. 이러한 섬의 양편은 완전히 모래밭으로 이루어져 있으며, 헤터러스곶 국립해변(Cape Hetteras National Seashore)으로 지정되어 자연 그대로 보존되고 있다.

또한 오크라코크 등대에서 약 160km 남쪽의 케이프룩아웃 등대(Cape Lookout Lighthouse)까지의 대서양 해안을 케이프룩아웃 국립해변(Cape Lookout National Seashore)이라고 하며, 이곳도 경관이 아름다워 보호구역으로 지정되어 있다.

미국 동부, 체서피크만의 하구 자연

미국 동부의 체서피크만은 남북의 길이가 500km 이상이고, 폭은 20km~30km에 이르는 내만으로, 만 입구가 상대적으로 좁은 지형을 이루고 있다. 유역면적(Total drainage basin)은 165,760km²에 달하며, 150여 개의 하천이 이 만으로 흘러들어온다. 유역 면적을 차지하는 주는 버지니아, 웨스트버지니아, 델라웨어, 메릴랜드, 펜실베이니아 등 여섯 개 주와 수도 워싱턴 D.C.가 포함된다.

체서피크만의 상부는 델라웨어만과 체서피크앤델라웨어 운하로 연결되어 있다. 상단 지역은 만 구와 멀리 떨어져 있어 해수의 영향이 적고, 많은 양의 담수가 유입된다. 이 수역은 운하를 통해 대서양의 해양학적 성격과 교류하여 기수(Brackish water)로서의 중요성이 있다.

상부 지역에 있는 볼티모어에는 오랜 전통의 해양수족관이 있으며, 존스홉킨스대학의 체서피크베이 연구소(Institute of Chesapeake

Bay)가 연구를 수행하고 있다. 또한 아나폴리스(Annapolis)시와 미국 해군사관학교가 위치한 곳은 자연경관이 뛰어나게 아름답다.

체서피크만의 중부는 비교적 폭이 넓어서 방대한 수역을 이루고 있다. 탕기어섬을 비롯한 여러 섬이 만 내에 산재해 있으며, 포토맥 강은 이 지역에 유입되며 수문학적으로 큰 영향력을 미친다. 포토맥 강은 워싱턴 D.C.를 지나면서 다양한 수자원으로 활용되고, 하류로 갈수록 강폭이 넓어지고 수량이 풍부해진다. 체서피크만의 중부 수역에서는 관광 여객선이 정기적으로 운항되며, 낚시와 수상 레저 스포츠가 활발하다.

체서피크만은 거대한 면적을 자랑하지만, 대서양과 연결된 만구

체서피크만 브릿지-터널

는 비교적 좁아 만이라기보다 해안 호수의 성격이 강하다. 특히 만의 상·중부 지역은 유입되는 담수의 양이 많아 염도가 낮으며, 만 전체는 하구(Estuary)의 성격을 나타낸다.

체서피크만의 입구에는 대단히 긴 체서피크만 브리지-터널(Chesapeake Bay Bridge-Tunnel)이 설치되어 있다. 북쪽 입구에서 남쪽 입구 사이의 길이는 28km이며, 두 개의 3km의 해저 터널이 다리와 연결되어 있다. 이 터널을 건설하기 위해 인공섬이 만들어져 잠수함의 출입이 자유롭다. 터널은 수심 90피트에 건설되었으며, 해수면 위 다리의 길이는 19km 정도이다. 이 다리와 터널은 체서피크만을 가로지르며 내만과 대서양을 갈라놓는다. 내만 쪽으로는 약 150개의 대·소 하천이 유입되어 기수역을 이루고 있다(『세계의 바다와 해양 생물』, 김기태, 2008.).

멕시코의 다양한 바다

멕시코의 다양한 바다

멕시코는 태평양, 멕시코만, 카리브해, 대서양에 접한 반도 국가라고 할 수 있다. 태평양 쪽으로는 캘리포니아만이 있는데, 이 만 안쪽 바다는 코르테스해라고 불리며 바다 면적은 16만km²이다. 이 만은 천연의 방파제 역할을 하여 해양 호수와 같은 모습을 하고 있으며, 수산 양식장으로 활용될 수 있다. 캘리포니아만의 남쪽으로도 긴 해안선이 있다.

대서양 쪽으로는 내해인 멕시코만과 카리브해를 접하고 있다. 멕시코만 입구에는 쿠바섬이 있어, 카리브해와 멕시코만을 나누지만, 두 바다는 마치 형제처럼 이웃하고 있다. 또한 쿠바섬은 대서양과 카리브해를 구분짓는 경계선이다.

멕시코만은 넓은 바다 면적에 비해 만구는 작아 해수가 유입된 뒤 다시 빠져나가는 해수 유출이 일어난다. 만구가 작아 반폐쇄적인 특성을 보인다. 멕시코만의 면적은 160만km²이며, 카리브해는 272만km²이다. 유카탄반도와 쿠바섬 사이의 바다 길이는 210km, 플로리다반도와 쿠바섬 사이의 거리는 177km이다.

멕시코만은 두 개의 만이 합쳐진 이름으로, 하나는 미국의 플로리다주로 둘러싸인 멕시코만이며, 다른 하나는 북회귀선 아래쪽 멕시코 해안에 있는 캄페체만이다. 플로리다 해협 앞쪽은 바하마 제도의 다도해이다. 이 해역은 많은 섬들로 복잡하게 구성되어 있다. 멕시코는 태평양, 대서양, 멕시코만, 카리브해를 끼고 있어 다양한 해역과 해양 생태계를 형성하고 있다.

쿠바의 해양 환경

쿠바의 바다

쿠바는 북회귀선 아래쪽에 위치하며, 멕시코만, 카리브해, 대서양으로 둘러싸인 열대 해양 도서 국가이다. 카리브해 동쪽에는 많은 도서 국가가 대서양을 가로막아 마치 해양 호수를 이룬다.

멕시코만은 카리브해의 열대 해류를 받아들여 플로리다 해협으로 강력한 난류를 유출하는데, 이것이 지구의 기후에 강력한 영향을 미치는 멕시코 만류이다. 캐나다의 뉴펀들랜드를 지나 유럽 대서양으로 흐르는 멕시코 만류는 북쪽의 아이슬란드까지 막대한 영향을 미치며, 특히 북유럽의 노르웨이 바다 기온에 큰 영향을 미친다.

멕시코 만류는 지구 온난화, 북극 빙하 해빙, 태양의 북회귀선과 남회귀선의 계절적 변화와 밀접하게 연계되어 지구 기후변화를 이

끈다. 북극의 빙하가 녹아 차가운 얼음물이 그린란드와 아이슬란드 해역으로 흘러내리면 멕시코 만류와 만나게 된다. 이 찬물은 담수이고 멕시코 만류는 해수이기 때문에 밀도 차이가 크다. 따라서 북극의 얼음물이 멕시코 만류와 만나면 밀도가 작은 민물이 밀도가 큰 따뜻한 바닷물 위에 깔리게 된다.

이때 태양이 남회귀선에 있는 겨울철에는 유럽 대륙과 북반구 여러 지역이 추운 겨울 기후를 겪는다. 반면에 북반구 여름에 태양이 북회귀선에 있을 때에는 북극의 얼음물 수량이 감소한 상태에서 북상하는 멕시코 만류와 만나면서 더운 해류와 함께 여름의 더위가 한층 더 심해진다.

멕시코 만류는 수역에 따라 다른 해류와 만나 폭염이나 혹한을 적절하게 중화시켜 기온의 차이를 완만하게 유지해 왔다. 인류는 이러한 자연 현상에 적응하여 생활을 해 왔지만, 근래에는 지구 온난화로 인해 기후변화가 불가피하게 나타나고 있다.

바라데로(Varadero)는 아바나에서 동쪽으로 142km 거리에 있는 플로리다 해협의 입구로서, 멕시코만의 해류가 흘러나가는 길목에 위치한다. 멕시코 만류가 만들어내는 다도해의 해역으로 미국의 마이애미와 마주 보는 곳이다. 쿠바의 바다 환경은 열대 해역으로, 바하마 쪽으로 산호초의 번식이 활발하여 해양 생물의 보고이다.

이곳은 카리브해와는 직접 접하지는 않지만, 카리브 해수가 멕시코만으로 들어갔다 나오는 해협의 입구에 자리 잡고 있으며, 멕시코의 칸쿤과 쌍벽을 이루는 아름다운 천혜의 산호초 해역이다.

이곳은 수많은 열대 해양 생물과 산호초가 어우러져 환상적인 산호초 생태계를 자랑한다. 쉽게 볼 수 있는 산호초는 40여 종이며, 산호초 어류도 많이 서식하고 있다. 또한 수많은 연체동물과 새우, 게 등 저서생물이 서식하며, 돌고래도 관찰할 수 있다.

바하마의 바다

바하마 제도 쪽의 쿠바 연안은 대소의 산호초 섬들과 수면 아래 자라고 있는 산호초 암초들로 가득 차 있다. 이렇게 왕성하게 자라고 있는 산호초는 자연 어초의 기능을 한다. 대서양의 맑고 깨끗한 바닷물 속 산호초는 완벽한 천연의 양식 어장이다. 연안에서 30km~40km의 해역은 비옥한 옥토여서, 풍부한 광합성 산물과 어류의 생산이 끊임없이 이루어지고 있다. 천혜의 해양 자원을 가진 이 나라에서는 벽돌 대신 산호초를 건축 자재로 사용하는데, 순백의 산호초 담은 맑고 깨끗하게 보인다.

쿠바의 자연

거대한 멕시코 만류의 수문장
열대 산호초의 세상이라!

넘쳐나는 산호초는
물고기의 아파트가 되고
도심의 담벼락까지 된다.

뜨거운 태양
풍만한 광합성의 세상
땅과 바다에
온통 먹거리가 넘쳐난다.

넘실거리는 옥색의 푸른 바다
찬란하고 고운 모래사장에
세상 사람의 눈도 놀란다.

아, 그런데,
이념이 무엇인지
누구나 생각이 같아야 하고

탤런트가 같아야 하는 나라.

수고와 고뇌가 따르는
창의력의 경쟁은
어느 용사가 해내나.

신바람의 라틴 춤과 노래
나라 안에 가득하다.

평등의 불로소득은
물결치는 대로 흘러가니
가난의 행복도 축복이어라!

브라질과 아마존강의 하구

남미 대서양 해안은 브라질, 우루과이, 아르헨티나가 대부분을 차지하고 있지만, 북부 해안에는 기아나, 수리남, 가이아나, 베네수엘라 같은 작은 국가가 일부 해안을 점유하고 있다. 브라질은 면적 851만km²로 남미 최대의 국가이며, 남미 면적의 47%를 차지한다.

브라질의 거대한 해안은 북위 5°에서 남위 34°에 이르는 약 4,000km 길이의 대서양과 접해 있다. 이 해안은 적도 수역에서 온대 수역의 다양한 성격을 지니고 있으며, 세계에서 가장 큰 아마존강의 하구도 있다.

아마존강의 막대한 담수는 대서양으로 유입되어 기수역을 형성하고, 담수 생물과 해양 생물이 공존하는 새로운 생태계를 이루고 있다. 이 수역은 생물학적 다양성이 크고, 생산성도 괄목할 만큼 높은 지역이다.

　브라질의 몸통은 아마존강이라고 해도 과언이 아니다. 강의 유역 면적이 무려 705만km²에 달하기 때문이다. 열대의 강우량이 수많은 지류로 모여 거대한 본류를 이루며 대서양으로 유입된다. 이로 인해 지구상에서 초대형 기수 생태계가 형성되며, 아마존강의 담수는 대서양에 막대한 영향을 준다. 수문학적 영향력이 크고, 하구로 운반되어 퇴적되는 토사량은 해안 지형은 물론 연안에서 400km~500km 떨어진 원양까지도 영향을 미친다.

　이 해역에서는 방대한 기수 생태계가 형성되어 담수 생물과 해수 생물이 치열하게 적응하거나 사멸하면서 새로운 생태계를 이루고 있다. 이 수역은 세계적으로 생물학적 다양성이 크고, 생산성이 뛰어난 해역이다.

　리우데자네이루는 5백 년 전에 탐험대가 만 입구에 들어서면서 강으로 착각했으나, 실제는 바다였던 곳이다. 그 시점이 1월 1일이었

우르카 언덕에서 바라본 구아나바라만

기 때문에 '1월의 강'이라는 이름이 붙여졌다. 리우데자네이루는 남회귀선 23°에 위치해 아열대성 기후에 속하지만, 남미 대륙 중앙에 있는 해안 도시로서 나폴리, 시드니와 함께 세계 3대 미항 중 하나로 꼽힌다. 기온이 다소 높지만, 온화한 해양성 기후로 생활 환경이 쾌적하고 자연재해가 거의 없는 곳이며, 자연경관은 매우 아름답다. 특히 구아나바라만(Guanabara Bay)의 자연경관은 아주 뛰어나다.

아르헨티나의 바다

아르헨티나의 바다 자연과 어항

남미 대륙에 속한 아르헨티나의 면적은 278만km²로, 남미에서 가장 비옥한 토지를 가지고 있다. 또한 대서양의 섬과 남극 대륙에 포함된 면적도 97만km²에 달한다.

수도, 부에노스아이레스는 남미에서 가장 큰 도시 중 하나로, 대단히 아름다운 자연경관을 자랑한다. 라플라타강의 하구를 끼고 있으며 대서양으로 나가는 입구에 자리 잡고 있다. 아르헨티나는 남위 21°에서 55° 사이에 동쪽으로 남대서양의 넓은 연안을 끼고 있다.

마르 델 플라타(Mar del Plata)는 부에노스아이레스에서 약 500km 떨어진 아르헨티나의 대표적인 해안 도시이다. 1903년에 건설된 이 도시는 유럽의 좋은 해안 도시와 비슷한 인상을 주며, 대서양의 빼어난 자연경관과 온화한 기후로 쾌적한 생활 환경을 제공한다. 어항은 녹슨 배들로 인해 어수선해 보이지만, 어구와 통발이 깔끔하게 정돈된 선착장을 볼 수 있다. 이 해역에서 잡히는 어류의 양은 상당하며, 고급 어종은 어획 즉시 수출도 된다. 멸치, 정어리, 캔 참치 등을 만드는 공장과 양질의 어분을 생산하는 공장이 50여 개 있다. 공장의 규모와 시설, 생산량도 상당하다.

아르헨티나 근해의 어족 자원량은 정확히 알려지지 않았지만, 추정하기로는 1,500만 톤에 달하며, 매년 500만 톤 정도 어획해도 자원 고갈 없이 유지될 수 있다고 한다. 이곳은 라스팔마스(Las Palmas) 어장과 소련의 북태평양 해역과 함께 세계적인 어장으로 주목받고 있다.

이 나라에서 어업권을 얻기는 매우 어렵다. 허가를 받기 위해서는 연방정부, 항만청, 해군 당국, 주정부 등 복잡한 절차를 거쳐야 하며, 상당한 투자가 동시에 이루어져야 한다. 남극에 가까운 산타크루스주 수역에는 방대한 양의 새우가 서식하고 있지만, 우리나라는 입어권을 얻지 못하고 있는데, 일본인은 어업권을 얻어 수익을 내고 있다.

우수아이아는 마젤란 해협에 의해 남미 대륙과 분리된 푸에고섬의 최남단에 있는 작은 도시이다. 현재 인구는 3만 5천 명이지만, 과거 도시가 팽창했을 때는 4만 5천 명에 이르기도 했다. 푸에고섬은 아르헨티나의 티에라델푸에고(Tierra der Fuego)주로, 인구는 9만 명이다. 이 섬은 아르헨티나와 칠레가 분할 공유하고 있으며, 아르헨티나는 섬의 남쪽을 차지하고 있다. 우수아이아는 바다를 끼고 있고, 내륙 쪽에는 산들이 병풍처럼 도시를 둘러싸고 있다. 칠레와의 국경도 높은 산으로 이루어져 있으며, 이 산들은 항상 눈으로 덮여 경관이 아름답다. 비행장도 바닷가의 산자락을 깎아 건설되었는데, 악천후, 특히 안개가 많을 때는 이착륙에 지장을 받는 경우도 종종 발생한다.

이 도시는 영국과 아르헨티나 사이에 포클랜드 전쟁이 일어난 후, 남극 기지와 남단의 국토를 수호하기 위한 정책적인 의지에 따라 집중적으로 발전된 곳이다. 지구상에서 남극 대륙과 가장 가까운 곳에 위치한 최남단 도시로, 남위 55°에 가깝다. 얼마 전까지만 해도 버려진 땅이었으며 중죄인을 다스리는 감옥이 있던 곳이지만, 오늘날에는 남극의 생물 자원을 개발하기 위한 기지로서, 무한한 생물 자원이 서식하는 해역으로서, 그리고 관광지로서 세계의 주목을 받기 시작했다. 여름에는 남극 대륙으로 가는 연락선도 개설된다.

이 도시의 여름은 거의 해가 지지 않을 정도로 한밤중에도 뿌옇게 햇빛이 나는 것 같고, 기후적으로 하루에도 사계절의 변화를 보이는 특징이 있다. 햇빛이 나다가 비가 오고, 바람이 불고, 구름이 끼는 등 순식간에 비, 바람, 폭풍, 눈보라가 변화무쌍하게 전개된다. 여름 온도는 최고 20℃를 넘지 않으며, 겨울철에도 -10℃ 정도로, 아주 추워도 -20℃ 이하로는 내려가지 않는다.

우수아이아의 티에라델푸에고 국립공원은 아름답고 규모도 상당

티에라델푸에고의 자연경관

히 크며, 잘 관리되고 있다. 이곳은 한대성 자연림이 산속에 우거져 있으며, 산으로 둘러싸인 맑고 차가운 호수는 뛰어난 경치를 자랑한다. 이 호수에는 송어가 잘 서식하고 있다. 우리 일행이 이곳을 방문했을 때 만났던 한국교포 김차남 씨가 우리를 위해 준비한 송어회는 붉은색을 띠고 있었다.

푸에고섬은 찰스 다윈의 명저 『종의 기원』에 나오는 진화론의 산실이기도 하다. 젊은 다윈은 해군 측량선 비글(Beagle)호를 타고 6년 동안 전 세계를 여러 번 돌며 생물을 채취했으며, 이는 그의 진화론 연구의 기초가 되었다. 다윈의 업적을 기리기 위해 우수아이아 앞의 바다는 비글 운하(Canal de Beagle)라고 명명되었다. 또한 일급 여관의 이름이나 다양한 상표에도 '비글'이라는 이름이 많이 사용되고 있다.

이 도시에는 아주 우수한 해양연구소 CADIC(Centro Austral de Investigaciones Cientificas)이 있다. 이 연구소는 1983년에 건설된 극지 연구소로, 정부의 중점 연구소로서 눈부신 발전을 이루었다. 주요 연구 분야는 기상학, 수문학, 육상 생물, 바다 생물, 지질학 등 5개 분야로서, 특히 남극 바다의 해양 생물자원의 개발에 주요 임무를 맡고 있다. 이곳에 근무하는 연구원은 70명 정도이며, 그중 생물학을 전공하는 사람이 60%를 차지하고 있다. 이 연구소의 건물은 설계상으로 한대지방의 성격을 잘 반영시키고 있다.

우수아이아 항에는 여러 나라의 어선과 다양한 크기의 선박을 볼 수 있다. 남극권의 어업은 지구상에 마지막 남은 어장 중의 하나로 알려져 있다. 그러나 이 해역은 기후적으로 거리상으로 도전하기 쉽지 않은 곳이다.

우수아이아 해역의 어족 자원은 풍부하며, 주로 연어, 송어, 꽃게, 오징어, 명태 등이 많이 잡힌다. 이 지역은 한류의 찬물 속에 서식하는 천혜의 어족 자원을 가지고 있다. 특히 왕게(King Crabs)의 유명한 산지로 연간 10만 톤이 잡히며, 이는 외화 획득의 주요 수단이기도 하다.

카리브해의 바다

칸쿤은 멕시코 만류와 카리브해류가 교차하는 해역에 있다. 적도 해류는 카리브해를 거쳐 유카탄 해협을 통해 멕시코만으로 밀려오며, 이 과정에서 칸쿤은 중요한 위치를 차지하고 있다. 다시 말해, 대서양의 남북의 적도 해류가 카리브해를 통해 멕시코만으로 들어가는 입구의 해안이다. 이에 따라 파도가 끊임없이 인다. 멕시코만은 쿠바섬으로 인해 두 개의 해로가 존재하지만, 그 크기가 매우 커서 하나의 내해를 이루고 있다. 따라서 바닷물의 유동이 제한되는 반 폐쇄(Semi-closed) 해역이다.

카리브해의 열대 해류는 멕시코만으로 밀려 들어오며, 높은 기온으로 인해 바닷물은 더욱 따뜻해진다. 이러한 따뜻한 바닷물은 플로리다 해협을 통해 유출되며, 이것이 바로 멕시코 만류로서 지구의 기후에 막대한 영향을 미친다.

칸쿤은 멕시코 만류가 시작되는 만의 입구 해역이며, 카리브해의 산호초 산맥의 끝자락에 있다. 이곳은 해양 생물이 왕성하게 서식하는 지역으로, 산호초와 산호초 어류, 새우, 바닷가재, 게, 연체동물, 조개류, 돌고래 등의 서식지이다. 쿠바섬의 위쪽 해안선은 멕시코만과 접하고, 아래쪽 해안선은 카리브해와 접하며, 세계 3대 열대 산호초 해역 중 하나로 유명하다.

칸쿤은 벨리즈, 과테말라, 온두라스의 연안 해역으로 산호초 산맥이 발달해 있다. 칸쿤의 모래사장은 순백색의 밀가루처럼 고운 산호초 백사장이다. 바닷물은 옥색에서 짙은 파란색을 띠며, 해수의 이동으로 흰 물거품의 파도가 끊임없이 인다. 해수의 온도는 25℃

카리브해 칸쿤의 해안

정도이며, 여름에는 28℃까지 올라간다.

칸쿤의 약 40km에 이르는 연안에는 산호초 모래사장 옆으로 약 100여 개의 호텔이 자리잡고 있다. 카리브해의 환상적인 바다를 즐기려는 관광객이 모이는 곳이다.

이곳의 자연경관은 대단히 독특하여, 연안을 따라 한쪽은 호텔과 모래사장이 있고 다른 한편은 거대한 해안 호수 니춥테 라군(Nichupte Lagoon)이다. 이 호텔 존은 마치 방파제에 세워진 듯 바다와 호수를 동시에 끼고 있다. 카리브해 쪽은 완벽한 산호초 연안으로 아름다움을 자랑하며, 해안 호수 쪽은 각종 해양 스포츠와 산업의 요람이자, 생물학적으로 해양 생산성이 높은 수역이다.

카리브해

세차게 몰려오는
대서양의 파도를 막으며
옹기종기 작은 섬들의 울타리로
카리브해가 만들어진다.

작열하는 열대의 태양
카리브해의 물속에서는
찬란한 생명의 세상이 펼쳐진다.

산호초 산맥의 거대한 해령은
도깨비 나라를 차린 듯
뚝딱하면 형형색색의
각종 물고기들이 춤을 추며 나온다.

끝없이 이어지는 해안선
아련하게 멀리 보이는 수평선
파란 하늘에 환상적인 흰 구름…

밀려드는 하얀 포말의 파도에

눈부시게 고운 순백의 모래사장
흰 돛단배는 눈앞의 바다에서 휘적거린다.

낙원 같은 카리브해에서는
야자수 그늘 아래
앳된 청춘 남녀의 풋풋한 낭만이
무르익어 사랑을 꽃피운다.

상하의 아름다운 바다
꿈과 낭만이 숨 쉬는
별천지의 세상이여!

CHAPTER 8

아프리카 대서양의 해양 생태계

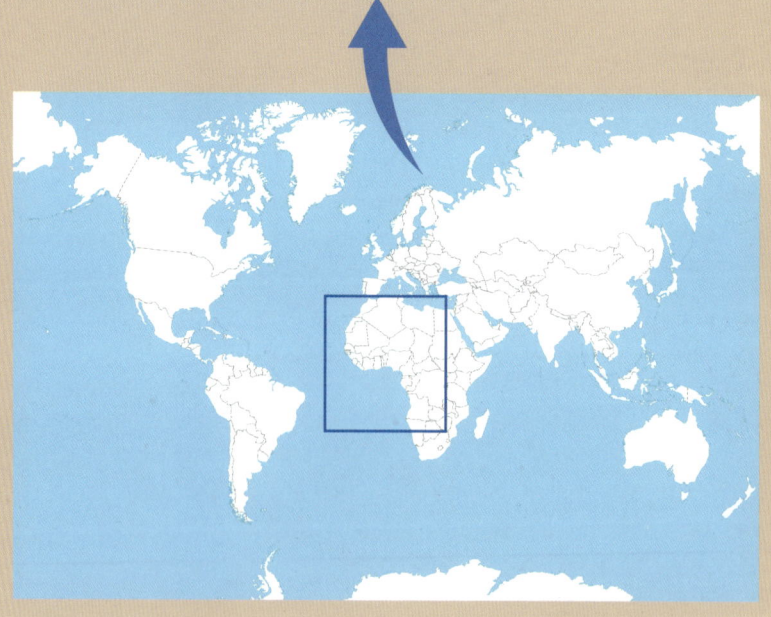

카나리아 제도의 바다

 아프리카 대륙의 북서 해안에 있는 일곱 개의 보물섬 같은 섬들을 카나리아 제도라고 한다. 스페인 영토인 이곳은 유럽 최대의 해양 휴양지로서 전 유럽 사람들의 힐링 요람이다. 라스팔마스는 이 군도의 중심도시 중 하나로, 천혜의 황금어장을 이루는 아프리카 해역의 어업 전진 기지 역할을 하고 있다.

 아프리카 대륙 서쪽 해안을 이루는 모로코, 서사하라, 모리타니 등의 연안 해역에는 사하라 사막으로부터 불어오는 열대 사막의 폭풍으로 인해 표면의 해수가 원양으로 밀려 나가 저층의 해수가 올라온다. 이 저층의 해수에는 막대한 양의 영양 염류가 포함되어 있어 찬란한 햇빛과 함께 식물 플랑크톤이 왕성하게 번성하고 있다.

 이러한 식물 플랑크톤의 대발생은 먹이사슬의 저변을 두껍게 하

스페인령 라스팔마스항구의 야경

며, 동물 플랑크톤의 대발생을 유도하고, 나아가 어장을 형성한다. 이 해역은 광합성 작용의 최적지이며, 탄소중립이 잘 이행되는 해역으로 평가받고 있다.

카나리아 군도는 일곱 개의 섬으로 구성되어 있으며, 그중 가장 중요한 섬은 라스팔마스(Las Palmas)시가 위치한 그란카나리아(Gran Canaria)섬과 자연경관이 수려하고 교육 및 행정의 중심을 이루고 있는 테네리페(Tenerife)섬이다. 이 두 섬 외에도 란사로테(Lanzarote), 푸에르테벤투라(Fuerteventura), 라고메라(La Gomera), 라팔마(La Palma), 엘이에로(El Hierro) 등의 섬이 있다. 카나리아 군도의 총면적은 약 7,541km^2이며, 백과사전의 공식 기록으로는 7,272km^2로 나와 있다. 총인구는 약 160만 명이다.

해양 환경 측면에서 카나리아 군도는 사하라 사막의 영향을 많이 받으며, 이 일대의 황금어장에 대한 어업 전진 기지로서 중요한 역할을 하고 있다.

그란카나리아섬

그란카나리아섬은 대서양의 어업 전진기지인 라스팔마스항으로 잘 알려져 있으며, 유럽에서는 국제적인 피한 휴양지로 명성이 높고 관광 수입이 많은 섬이다. 이 섬의 면적은 1,558km^{2}이며, 아프리카 대륙과의 최단 거리는 약 150km 정도이고, 스페인 본토와는 약 1,350km 떨어져 있다. 인구는 약 87만 명이다.

라스팔마스항은 1883년 개항한 이후 유럽, 아프리카, 아메리카의 삼각무역 중계항이 되었다. 1492년 콜럼버스가 스페인의 우엘바(Huelva)항을 출발하여 대서양을 횡단할 때 기항하였고, 그가 숙박했던 집은 기념물로 보존되어 있다.

테네리페섬

카나리아 군도의 일곱 개 섬 중에서 가장 큰 섬이 테네리페(Tenerife) 섬이다. 그 면적은 2,057km^{2}에 달하며, 해안선의 길이는 269km이다. 이 섬은 교육기관이 발달해 있으며, 카나리아 군도의 행정 중심지이다. 테네리페섬은 그란카나리아섬에서 불과 60km이며, 제트 포일(jet-foil) 여객선으로 80분 걸리는 거리에 있지만, 자연경관은 완전히 다르다. 이곳은 풍부한 강우량으로 수목이 울창하다.

테네리페섬은 화산 활동으로 형성되었으며, 높이가 무려 3,718m나 되는 테이데산(Mount Teide)이 있어 경관이 수려하다. 섬 전체가 마치 이 산의 정상을 떠받치고 있는 듯하며, 이 산에 조림된 숲은 독일의 검은숲(Schwartzwald)이나 알프스의 숲을 능가할 만큼 거목의 소나무류가 하늘 높이 뻗어 장관을 이루고 있다.

대서양의 어업 전진 기지

아프리카 대륙의 연안에는 어로 활동을 지원할 수 있는 어항이 거의 없어, 이웃한 카나리아 군도가 그 역할을 담당하고 있다.

현대화된 기계 장비로 사하라 어장에 진출한 것은 1950년대 초 일본의 원양업계가 처음이었다. 우리나라의 원양업계는 1960년대 중반부터 해외에 눈을 돌리기 시작해, 본격적으로 이곳 어장에 진출한 것은 1974년 6월 28일 한국-스페인 어업협정이 체결된 이후부터이다.

이 해역에서 어획되는 어종은 갑오징어, 오징어, 한치, 문어, 능성어, 민어, 농어, 광어, 참돔류, 개상어, 새우, 가자미류, 갈치류, 오징어, 도미류, 검은갈치 등 다양하며, 고급 어종이 대량 서식하고 있어 경제성이 매우 뛰어나다. 다시 말해, 우리나라의 원양어업은 천혜의 어장을 개척하여 풍부한 자원을 활용해 왔고, 이는 우리나라 국력

신장에도 크게 이바지했다.

  이곳에서 사용되는 어선과 어법으로는 참치(tuna) 통라인 어선, 채낚기 어선, 새우 트롤 어선, 저인망 어선 및 정치망 어법 등이 있다. 오늘날에도 특별한 어구나 어법 기술 없이 줄어만 하면 만선의 풍요를 누릴 수 있을 정도로 좋은 어장이다.

모리타니 해역

모리타니의 국립해양공원

모리타니의 해안선은 대부분 사하라 사막과 접해 있다. 그중 이 나라의 국립 해양공원을 대표하는 해역 방다르갱(Banc d'Arguin)은 해안선 중앙부의 근해 전체를 포함하고 있다.

방다르갱은 약 2만km^2에 달하는 방대한 연근해 및 해안 지대를 차지하고 있다. 모로코 쪽에는 아틀라스산맥이 있어서 사하라의 기후와 모래가 바다로 직접 확장되는 것을 막지만, 모리타니의 해안은 완전히 저지대로 사하라 사막의 강력한 영향이 직접 바다로 연결된다.

방다르갱 해역에는 약 2m 정도의 조석 차이가 있다. 사하라의 모래가 바다로 날려와 침적된 해안이므로 수심이 아주 낮고 섬이 많아, 만조와 간조 시 자연경관은 완전히 다르다. 약한 해류에도 불구

사하라 사막의 모래먼지가 날아와 형성된 모리타니의 방다르갱 해변

하고, 이곳의 해양 생태계는 많은 영향을 받고 있다.

간조 때는 모래섬이 넓게 드러나고 비교적 높은 사구에서는 홍수림이 자생한다. 저서생물은 완전히 노출되어 생물학적으로 장관을 이룬다. 만조 시에는 넓은 지표면에 퍼져 있던 새들이 좁은 지면으로 모이는데, 그때 비상하는 경관이 매우 아름답다.

만조 때에도 해류나 파도가 거의 없어서 해면은 거울같이 평탄하다. 물이 들어오는 속도가 신속하지만 평온하고 고요한 수면을 이룬다. 이때의 수색은 탁한 진녹색을 띠며, 상당한 양의 모래 입자가 섞여 있고, 동물성 플랑크톤과 어류의 알이 물속에 가득해 걸쭉한 서스펜션(suspension) 상을 이루고 있는 것이 특색이다. 이와 반대로 간조 때에는 물이 빠지는 속도에 따라 다소의 잔물결이 생기며, 동풍이 상조하는 현상이 나타난다.

어패류의 낙원

모리타니의 방다르갱 해역의 어족 자원은 사하라 사막의 불모지를 보상하고도 남을 만한 풍요로움과 아름다운 자연경관을 자랑한다. 이 해역의 바닷물 속에는 약 250종의 어류가 서식하여, 단일 해역으로서는 세계에서 가장 다양한 어종을 보유하고 있다.

동풍이 불 때는 보통 민어류(Corbina), 상어류(Requin), 도미류(Sargo), 황금농어(Dorado royale) 같은 어류가 많이 잡힌다. 모리타니 사람들은 이러한 사실에 거의 무관심하거나 잘 모르는 경우가 많다.

조석의 차이로 물이 들고 나는 조간대의 해변에는 조개류와 게 종류가 해변을 뒤덮고 있다. 다양성이 낮은 우점종(dominant species)이 대량 서식하며, 서식 환경이 용승 현상과 직결되어 최적 상태에 있다. 이곳에서 쉽게 관찰되는 저서생물로는 조개류와 게 종류는 물론, 굴, 해삼, 멍게 등이 있다.

방다르갱 해역의 천해에는 번식력이 왕성한 수초가 가득하며, 이 수초는 각종 어류의 자연 어초 역할을 한다. 이들이 먹이이자 서식처로 제공되어 문어, 오징어 등이 대량으로 산란하고 서식하면서 이곳은 마치 천연 양식장이나 자연 종묘 배양장의 역할을 한다.

또한 돔, 숭어, 농어, 상어, 민어 등의 어군도 대량으로 번식하며, 돌고래와 바다표범도 서식한다. 이곳은 잘 이루어진 먹이 피라미드의 저변 덕분에 어패류의 풍요로움을 자랑하는 해양 생물의 낙원이라 할 수 있다. 이곳에서 나는 몇 종류의 생물 자원은 다음과 같다.

- **문어류(Tako, Pulpo)** : 일년생으로서 친어(번식을 위해 길러지는 어류)는 11월경에 산란을 하고, 다음 해 4월경에 약 10cm 정도로 성장한다. 산란 후에는 자연사하는 것이 보통이다. 저인망으로 대량 어획되며, 생장 속도가 빨라 큰 것은 3kg~4kg에 이르기도 한다. 친어는 얕은 수심에서 비교적 깊은 수심의 해역(40m~50m)으로 이동하여 자연사한다.

- **한치류** : 이 해역에서 잡히는 한치류는 세계적으로 최고의 맛을 자랑한다. 생활환(Life cycle)으로 일년생이며 방다르갱 해역이 최적의 생육지이다. 저인망으로 대량 어획되며, 이 해역의 주 어종이다.

- **갑오징어(Mongo : Choco)** : 역시 일년생 어족으로서 위의 어족과 함께 이 해역에서 저인망으로 대량 어획되고 있다. 어획된 것은 무게에 따라 1번에서 8번까지 분류하여 판매한다. 작은 새끼는 '초코'라고 불리며 주로 유럽(스페인, 이탈리아 등)으로 수출되고, 큰 종류는 '몽고'라고 하여 일본으로 수출된다. 어획량은 문어 어획량의 10%~20% 정도이다.

- **돔류** : 방다르갱 해역에서 저인망으로 잡히며 '댄톤'이라고 불린다. 한 번에 10톤 정도도 쉽게 어획되지만, 경제성이 적어 버리기도 한다. 적도미, 황도미 등 여러 종류가 서식하고 있으며, 1마리당 166g 이상을 '덴톤'이라고 하고, 그 이하는 '파르고'라고 부른다.

- **민어류** : 코르비나(Corvina)라고 부르는 회유성 어류이며, 때로는 대량으로 어획된다.

- **농어류** : 바일라(Baila)라고 부르며, 주로 모래사장에서 서식한다. 12월경에 많이 잡히며, 바닷가 모래사장에서 낚시로 쉽게 잡을 수 있다.
- **새우와 가재류** : 방다르갱 해역은 수초와 해조류가 무성하며, 새우류, 닭새우(Langusta)류가 대량으로 서식한다.
- **별상어(Cazon)** : 식용 상어로서 개상어라고도 한다.
- **촉수류(Salmonete de roca)** : 촉수류는 몸체 표면에 점이 있으며, 몸체가 그리 크지 않은 어족이다.
- **납서대류(Lenguado)** : 넙치 종류로서 '서대'라고 한다.
- **검은갈치(Sable negro)** : 이 해역에서 나는 갈치류이다.
- **체르나(Cherna)** : 농성어 종류로서 고급 어종으로 인기가 있다.

바다거북, 돌고래, 바다표범

푸른 바다거북은 풍부한 녹색말 군집의 영향을 받는 우점종이다. 일부의 거북이들은 방다르갱 연안의 모랫바닥에서 번식하며, 플로리다에서 태어난 거북이들은 대서양을 횡단하여 이곳으로 이동하기도 한다.

모리타니 해안의 독특한 수문학적 조건은 두 종류의 돌고래 군집을 형성한다. 큰돌고래(Grand dauphins)는 그룹으로 생활하며, 먹이의 이동에 따라 계절적으로 이동한다. 방다르갱 남쪽 티미리스(Timiris) 해역에서는 수백 년 동안 큰돌고래의 서식 환경이 잘 관찰되었다. 반면, 혹등돌고래(Sousa)는 보통 20~30개체가 그룹을 이루어 생활한다. 이들은 아주 낮은 연안의 홍수림이 자생하는 조간대나 바다 삼각주 같은 곳에서 서식하며, 어류의 밀도에 따라 바닷가를 이동하며 살아간다.

이 해역에 사는 바다표범은 무게가 250kg~350kg이며, 크기는 250cm~280cm에 이른다. 과거에는 흑해, 지중해, 아프리카 서해안에 분포했으나, 현재는 대부분 멸종되었다. 전 세계에 약 500여 마리가 남았으며, 약 100여 마리가 이 해역에 서식해 가장 높은 밀도를 보인다. 이들의 먹이는 약 3분의 1이 문어와 닭새우이고, 3분의 2는 주로 농어나 숭어 같은 어류이다.

수도승물범(Monk seal)은 아프리카 연안에만 서식하는 종으로, 멸종 위기에 처해 있다. 모리타니의 블랑곶(Cap Blanc)에 가장 많이 서식하며, 방다르갱 국립공원 당국은 이 종을 보호하기 위하여 최선을 다하고 있다. 수도승물범은 바다 포유류로, 숨을 쉬기 위해 규칙적으로 수면으로 나온다. 숨을 쉰 후 약 20분 동안 먹이를 찾아 잠수하며, 50m 수심까지 들어가서 숭어, 농어, 바다송어, 도미, 문어 등을 섭취한다. 수도승물범은 잠을 잘 수 있는 동굴에 모여 군집을 형성한다. 새끼는 5월에서 12월 사이에 동굴 속에서 태어나며, 약 2년마다 약 90cm 정도의 새끼를 낳는다.

조류의 낙원

조간대와 얕은 바닷물 속에 서식하는 막대한 양의 저서생물과 어류는 각종 해조류의 낙원을 이룬다. 이곳에 서식하고 있는 조류의 밀도는 세계에서 가장 높다. 실제로 비상하는 홍학과 기러기 같은 여러 군락을 보면, 하늘을 뒤덮을 만큼 막대한 수를 자랑한다. 멀리서 보면 마치 거대한 메뚜기떼가 들판을 이동하는 것처럼 보인다.

방다르갱 해역의 섬과 연안에서 매우 풍부하게 관찰되는 조류 군락은 다음과 같다.

• 홍학(Flamant rose) : 4월에서 9월 사이에 알을 낳고 새끼를 기른다. 매우 많은 수가 자생한다.

• 큰가마우지(Grand cormoran) : 9월에서 다음 해 3월까지 둥지에서 알을 부화시킨다.

• 아프리카가마우지(Cormoran africain) : 5월에서 10월 사이에 둥지를 짓고 새끼를 기른다.

• 흰펠리칸(Pelican blanc) : 9월과 다음 해 9월까지 알을 낳고 새끼를 기른다.

• 흰왜가리(Héron cendré) : 4월과 다음 해 1월까지 둥지를 짓고 새끼를 기른다.

• 흰색넓적부리오리(Spatule blanche) : 3월에서 11월 사이에 번식한다.

• 갈매기류(Goéland railleur) : 4월과 7월 사이에 알을 낳고 번식한다.

• 백로류(Aigrette dimorphe) : 4월에서 11월 사이에 둥지에서 알을

부화시킨다.

- **재색갈매기류(Mouette à tête grise)** : 5월과 7월 사이에 새끼를 기른다.

- **제비갈매기류(Sterne)** : 다양한 제비갈매기류가 있으며, 수가 많다. 우점종으로는 황제제비갈매기(Sterne rogale), 카스피제비갈매기(Sterne caspienne), 한스제비갈매기(Sterne hansel), 줄무늬제비갈매기(Sterne bridée), 일반제비갈매기(Sterne pierregarin), 작은제비갈매기(Sterne naine) 등이 있다. 이들 대부분은 5월에서 7월 사이에 알을 낳아 새끼를 기른다.

남아프리카공화국

희망봉의 바다와 자연

희망봉(Cape of Good Hope)은 아프리카 대륙의 최남단에 위치하며, 세계에서 가장 아름다운 항구 중 하나로 꼽힌다. 이곳은 인도양과 대서양이 만나는 지점으로, 지구상에서 가장 좋은 기후와 자연환경을 갖추고 있다.

기후는 온대 지중해성 기후로, 한여름인 1월 평균 기온은 20.3℃이며, 한겨울인 7월 평균 기온은 11.6℃이다. 연간 강우량은 526mm로, 주로 5월에서 8월 사이에 집중적으로 온다. 이곳은 두 대양의 물 덩어리가 만나면서 해양의 내적, 외적 변화가 크며, 거센 파도와 솟구치는 물방울, 그리고 수시로 변화하는 기상적 요인이 지역적 특성이다.

희망봉은 남극 대륙과 비교적 가까운 해역에 위치하고 있어서 남극 대륙과 남극 바다의 영향을 받는다. 특히 해양학적 기후에 민감하며, 겨울은 혹독하지 않다. 희망봉 내 국립공원은 독특한 식생과 아름다운 경관을 지니고 있다.

아프리카 최남단 해역은 아굴라스곶(Agulhas cape)으로 불리며, 인도양 북쪽에서 남쪽으로 흐르는 난류를 아굴라스 해류(Agulhas Current), 아프리카 남단에서 대서양 북쪽으로 흐르는 한류를 벵겔라 해류(Benguela Current)라고 한다. 인도양의 높은 수온의 해류는 아프리카 남단 해역에 큰 영향을 미친다.

아굴라스곶에서 나미비아와 앙골라 연안까지 용승 현상이 발생하며, 갈조류의 해중림이 형성된다. 이 해역은 해양 생물이 대량 번

아프리카 최남단 아굴라스 해안

식하는 곳으로, 다양한 어류가 서식한다. 상어(Sharks), 가오리(Rays), 뱀장어(Eels), 정어리(Sardines), 멸치(Anchovies), 대구(Herrings), 색줄멸(Hypoatherina valenciennei)과 실버사이드(Silversides), 킹클립(Kingklip), 노랑씬벵이(Sargassum fish), 돌대구(Rock cods), 핑키(Pinky), 도미(Sea breams) 등이 있다. 대서양 쪽은 도미류와 정어리류가 많고, 인도양 쪽은 다양한 열대 어류가 번성하여 두 대양의 생태계가 완연히 다름을 보여준다.

케이프타운의 생물상

희망봉은 아프리카 대륙의 케이프타운반도에 위치해 있다. 최남단으로 알려진 이곳은 여러 가지 특색을 지닌 지역으로, 지구상에서 가장 아름다운 자연 중 하나로 손꼽힌다. 인도양과 대서양이 만나 독특한 해양 환경과 자연생태 환경을 이룬다.

인도양은 열대 해역의 영향으로 온도가 상승한 물 덩어리를 지니고 있으며, 북반구 쪽으로 막혀 있어 해류가 심하지 않고 큰 파도가 없다.

희망봉은 거대한 두 대양의 물 덩어리가 부딪치는 곳으로서, 해양의 내적, 외적 변화가 크게 나타나는 곳이다. 현상적으로는 거센 파도, 솟구치는 비말, 물 덩어리의 대치와 섞임에 따른 해양학적 요인의 변화가 나타난다. 또한 수시로 변화하는 기상적 요인은 바람, 운해, 햇빛과 더불어 지역적 특성을 드러낸다.

해양학적 변화로서 인도양의 해류와 대서양의 해류는 물 덩어리의 크기와 힘의 크기에 비례하여 새로운 해양 환경을 만들어낸다. 수문학적 요인으로는 두 물 덩어리의 수온, 염도, 밀도의 섞임에 따른 수층의 변화, 용존 산소량과 용존 탄산가스양의 변화, 수소이온 농도와 각종 영양염류 농도의 변화 및 미세조류의 양적 변화 등이 있다.

두 대양의 차이점 중 하나는 대서양 쪽의 해변에서는 파도가 거칠고 수온이 낮아 수영이 어렵지만, 인도양 쪽의 해변은 파도가 세지 않고 물의 온도가 높아 수영이 가능하다는 점이다.

특히 눈길을 끄는 경관은 해면 위에 군락을 이루며 표류하는 해조류이다. 이 해조류 군락은 주로 갈조류의 일종인 켈프(kelp)로 구성되어 있다. 바다대나무(*Ecklonia maxima*)와 황금다시마(*Ecklonia radiata*)가 주를 이루며, 스플리트팬 켈프(split-fan kelp)인 부채다시마(*Laminaria pallida*)도 대량 발생하고 있다. 기포 주머니를 가진 블래더 켈프(bladder kelp)인 마크로시스티스 안귀스티폴리아(*Macrocystis angustifolia*)도 번성하고 있다. 여러 종류의 모자반(Sargassum)류도 자생하고 있으며, 이 외에도 다양한 해조류가 번식하는 해역이다.

해조류 군락은 마치 해수면 위에 작은 해암이나 암초가 떠 있는 것처럼 보이지만, 실제로는 해조류가 표류하고 있는 것이다. 파도와 함께 출렁이는 해조류 군락의 율동은 아름다운 경관을 제공한다. 이러한 현상은 수온이 낮은 대서양의 물 덩어리와 수온이 높은 인도양의 물 덩어리가 부딪치면서 일어나는 생물학적 현상 중 하나이다.

한편, 생체량이 적지만 풍부하게 자생하는 녹조류로는 파래(*Ulva* sp.), 목덩굴(*Caulerpa* sp.), 청각(*Codium* sp.)이 있다. 홍조류로는 해태(*Porphyra* sp.), 노토제니아(*Nothogenia* sp.), 우뭇가사리(*Gelidium* sp.), 꼬시래기(*Gracilaria* sp.), 플로코미움(*Plocomium* sp.), 세라미움(*Ceramium* sp.) 등 많은 종류가 자생하고 있다.

후트만 인근 섬에는 5천 마리에서 6천 마리의 물개가 서식하고 있다. 이곳에서는 물개가 켈프 위에 앉아 있거나 켈프 주변을 유영하는 모습을 볼 수 있다. 물개가 이곳에 서식한다는 것은 이 해역에 물고기가 매우 많음을 나타낸다. 물개의 충분한 먹이가 이 해역에 서식하고 있다.

케이프타운 해역은 다양한 해양 동물과 물고기가 공존하는 곳으로, 특히 새우와 랍스터가 풍부하다.

테이블마운틴(Table Mountain)은 케이프타운의 대표적인 자연경관 중 하나로, 해발 1,200m의 높은 산이지만 평평한 표면을 가지고 있어 '테이블'이라는 이름이 붙여졌다. 이 산에는 다양한 식물이 자생하며, 특히 독특한 지의류가 많다. 또한 테이블마운틴에서는 해변과 도시의 아름다운 풍경도 감상할 수 있다.

케이프타운 시내에는 해양 수족관이 있으며, 규모는 작지만, 학습용으로 잘 꾸며져 있어 학생들의 자연 학습 체험장으로 활용된다.

케이프타운 볼더스 비치의 아프리카 펭귄

이곳에서는 해양 생물의 생활 주기를 관찰하고 직접 만져볼 수 있으며, 물개와 펭귄의 서식 환경도 볼 수 있다.

또한 케이프타운대학교는 남아프리카공화국에서 유명한 대학으로 해양학 연구에 주력하고 있으며, 남극에 대한 해양 자원 연구 센터를 설립하여 영국 등과 공동 연구를 진행하고 있다.

CHAPTER 9

인도양의 바다와 해양 생태계

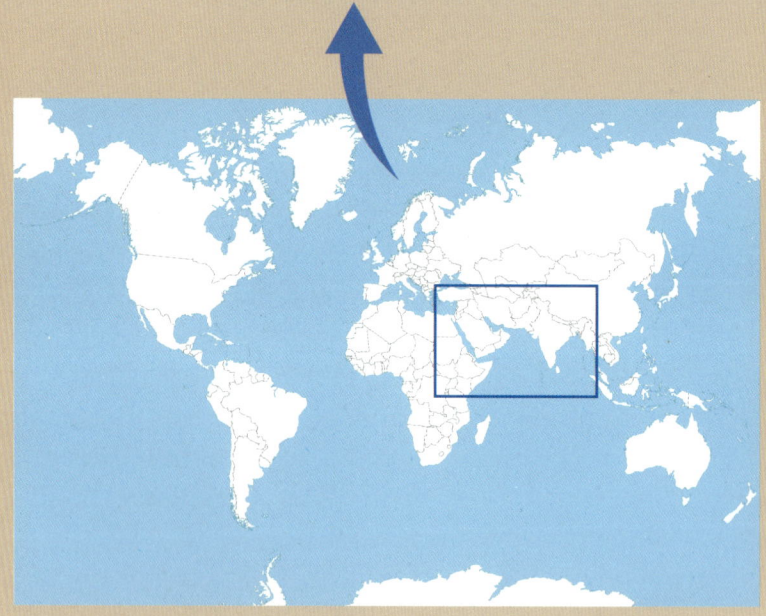

미얀마

미얀마의 해양 환경

미얀마는 긴 해안선을 가지고 있으며, 벵골만을 인도와 거의 공유한다. 안다만 제도와 니코바르 제도로 둘러싸인 안다만해와 접해 있어 해양 세력이 큰 나라이다.

미얀마는 북위 16°에서 28° 사이에 위치하며, 대부분의 국토가 아열대 밀림으로 덮여 있어 광합성이 풍부한 나라이다. 면적은 약 67만km²로 남한 면적의 6배~7배 정도이며 인구는 5천4백만 명 정도다.

미얀마는 아시아에서 가장 많은 석유 매장량을 보유하고 있으며, 천연가스도 풍부하다. 또한 임업 자원뿐 아니라 텅스텐, 아연, 금 등을 다량으로 보유하고 있다. 그러나 지난 수십 년간 군부 독재로 인

미얀마 양곤의 불교 성지 쉐다곤 파고다

해 과학 기술, 정치, 경제, 사회 등이 퇴보하여 현재는 세계에서 가장 열악한 최빈국 중 하나로 남아 있다.

양곤에서 약 30km 떨어진 곳에는 양곤강과 바다가 만나는 하구가 있다. 이 하구는 커다란 항구로서 진한 황토색의 강물이 풍부하게 흐른다. 강의 폭은 약 1,000m이며, 연락선이 3백~4백 명을 태우고 강을 건너는 데 약 10분 정도 소요된다. 강의 물살은 거의 없고 수심은 상당이 깊다. 넓은 하구는 항구로서 기능하며, 큰 운송선과 연락선들이 강변의 여러 곳에 정박해 있다.

연락선은 2층으로 매우 낡아 마치 6.25 전쟁 시기의 만원 버스 같은 혼잡함을 느끼게 한다. 물론 위험한 느낌도 든다. 배 위에서는 갈매기들이 승객들이 던져주는 과자 부스러기를 받아먹기 위해 부둣가를 날아다닌다. 강가에는 왕골 같은 수초 군락이 무성하게 자라고 있다. 하구역에는 갯벌이 있지만, 항구와 항로는 준설이 되어 있다.

미얀마는 사원의 나라로, 불교가 절대적인 강세를 보인다. 예를 들어 "쉐다곤 파고다"에서 "쉐"는 황금을 의미하고 "다곤"은 수도 양곤을 의미하며 "파고다"는 사원, 즉 탑을 의미한다. 미얀마의 사원은 거대하게 지어지고 황금색 또는 실제 황금으로 도색되며, 은은한 조명으로 사람들의 마음을 깊이 파고든다. 어떤 이들은 이 사원이 파리의 에펠탑보다도 더 아름다운 야경을 가지고 있다고 말하기도 한다.

미얀마의 정치 환경

아웅산 장군은 미얀마 독립을 위해 전력을 다하여 국민의 존경을 받았다. 그는 영국으로부터 독립하기 한 달 전인 1947년 정적에 의해서 살해되었다. 그의 딸 아웅산 수치는 1945년에 태어났으며, 아웅산의 부인은 인도 대사관에 발령받아 근무했고, 아웅산 수치는 인도에서 공부하다가 영국의 옥스퍼드대학교로 유학을 갔다. 그녀는 영국에서 동급생과 결혼하여 두 명의 아들을 낳았고, 이로 인해 영국 국적을 갖게 되었다.

1988년, 아웅산 수치가 영국에서 미얀마로 돌아왔을 때, 그녀는 국민적 영웅의 딸로서 큰 존경을 받았다. 1988년 8월 8일, 군부는 민주화 시위를 무자비하게 진압하여 수천 명의 희생자를 냈다. 이때 국민의 요청을 받은 아웅산 수치는 군부와 협상하여 평화적인 선거를 통해 평화적으로 정권을 이양받기로 했다.

아웅산 수치는 선거에서 87%의 압도적인 지지를 받아 정권을 인수받았으나, 군부는 헌법 제정 절차를 이유로 그녀를 가택연금했다. 아웅산 수치는 군부와 물과 기름처럼 상반된 입장을 가졌다. 군부는 아웅산 수치가 영국인이기 때문에 미얀마를 다스릴 수 없다고 주장했고, 아웅산 수치는 자신이 미얀마에서 태어나 자랐으며 미얀마의 피가 흐른다고 맞섰다.

아웅산 수치는 1991년에 노벨 평화상 후보로 지명되었지만, 출국하면 다시 입국할 수 없어서 노르웨이에 가지 못했다. 국민들은 그녀를 존경했지만, 민주화가 되면 135개의 종족이 독립을 선언하여 최소 여섯 개의 국가로 분열될 수 있었다. 따라서 많은 사람들이 가난은 참을 수 있어도 나라가 분열되는 것은 견딜 수 없다고 생각하여 아웅산 수치가 정권을 이양받는 것이 적절하지 않다고 여겼다.

제2차 세계대전 동안, 1943년부터 1945년 사이에 16,000명의 영국 군인들이 이 나라에서 희생되었다. 이들의 묘역이 양곤 인근에 있으며, 관리 비용과 모든 경비는 영국 정부가 부담하고 있다.

저자에게는 미얀마보다 버마라는 국호가 더 친숙하다. 1983년 10월 9일, 미얀마 국민 영웅으로 추앙받는 아웅산 묘소에서 대한민국의 서석준 경제부총리를 비롯한 관료 16명이 참배를 준비하던 중, 북한 특수공작원 3명이 폭탄을 설치하고 리모컨으로 폭파시키는 참화가 발생했다.

  이 사건 이후, 세 명의 특수공작원 중 한 명은 사살되고, 다른 한 명은 미얀마 군인의 사격으로 한쪽 팔이 절단된 후 체포되어 재판에서 사형을 선고받았다. 강치민이라는 인물은 투항하여 사건의 전모를 밝힘으로써 정상을 참작 받아 무기징역을 선고받고 현재 복역 중이다. 이 사건으로 미얀마는 1983년 12월 북한과 단교하였으나, 2007년 4월에 재수교하여 농산물과 무기를 교역하고 있다.

인도

남인도의 해양 환경과 해양 생물

인도는 지리적으로 인도양으로 돌출된 거대한 반도 국가이다. 인도의 서쪽은 아라비아해와 접하고 동쪽으로는 벵골만과 접하고 있으며, 남쪽 바다로는 몰디브, 스리랑카와 이웃하고 있다. 인도는 인도양에만 긴 해안선을 지니고 있어, 이 나라가 인도양의 절대적인 영향권 속에 놓여 있음을 알 수 있다.

남인도의 해안은 인도양의 중심 해역에 위치하고 있으며, 이곳의 중심 해안을 이루고 있다. 남동부의 마리나 해변은 광활한 모래사장으로 이루어져 있으며, 폭은 일 킬로미터에서 수 킬로미터, 길이는 20km~30km에 달한다. 이곳의 파도는 매우 강하고 파도의 골이 깊어 높낮이가 두드러지게 나타난다. 특히 오후가 되면 이러한 현상이 더욱 두드러지게 나타난다. 이는 해류가 강하기 때문으로 연안의 수심도 상당히 깊을 것으로 추정된다.

이 해안은 매우 좋은 백사장을 가지고 있음에도 불구하고, 많은 사람들이 모여 수영을 하는 것은 부적절해 보인다.

수온은 상당히 높아서 25℃~30℃로 따뜻하다. 바닷물은 깊은 청색을 띠고 있어 청정해 보인다. 그러나 해안에서 관찰되는 해양 생물의 흔적은 전혀 찾을 수 없을 정도로 빈약해 보인다.

연안에 부딪치는 파도가 겹겹이 밀려와 경관이 아름다웠다. 이 나라의 초중고생들은 이곳에서 체육이나 수영 학습을 하고 있지만, 실질적인 수영 훈련이라기보다는 몸을 물에 담그는 정도였다.

열대의 화창한 태양과 잘 정비된 모래사장은 특이해 보인다. 모래 입자는 매우 곱지만, 100% 자연산 모래인지는 의문이다. 어쨌든 이

인도양 남인도의 마리나 해변

해변은 인도양의 특색을 잘 보여준다.

　해변의 한쪽 끝에는 항만 또는 해변 관리 기관이 있고, 관측 탑도 보인다. 연안에서 20km~30km 떨어진 원양에는 대형 선박이 정박해 있다.

　이 해안의 해변도로는 고속도로로 건설되었으며, 해안 바로 옆에 어민들이 생활하는 촌락이 있지만, 빈민굴로서 어업으로 인한 소득이 거의 없는 듯하다. 이곳에서 생산되는 어류는 갈치, 병어, 꼴뚜기 등이며, 작은 어류도 관찰되지만 양은 아주 적다. 또한 이 해역은 쓰나미와 같은 강력한 해류의 영향권에서 벗어나지 못하고 있으며, 벵골만의 해양학적 성격을 포함하고 있다.

　해변의 한쪽 끝에는 항만 또는 해변 관리 기관들이 있고 관측 탑이 보인다. 연안에서 20km~30km 떨어진 원양 쪽에는 대형 선박이 정박해 있다.

몰디브

몰디브의 자연환경

몰디브는 스리랑카의 콜롬보에서 700여km 떨어져 있고, 남인도의 첸나이시에서도 700여km 떨어져 있는 수중의 나라이다.

몰디브의 육상 면적은 약 300km²에 불과하며, 국토 전체가 산호초로 이루어진 섬들로 구성되어 있다. 산호초 연안은 고운 산호초 모래로 덮여 있어 얕은 수심의 옥빛 바닷물이 신비한 매력을 지니고 있다.

연안의 비취색 바닷물은 대양으로 갈수록 파란색을 띠고 멀리 떨어진 바다는 진한 청색(dark blue)으로 변해 있다. 이곳의 수온은 25℃~30℃로 매우 따뜻하여 유럽인은 물론 전 세계인의 휴양지로 인기가 높다.

몰디브의 한 작은 산호초 섬을 하늘에서 찍은 사진

    대양성 파도는 연안으로 오면서 세력이 거의 소멸해 잔잔한 잔물결로 변하는데, 이는 산호초의 발달로 심해성 파도가 산호초 언덕에 부딪혀 영향을 미치지 못하기 때문이다. 연안에서 수백 미터까지는 무릎 정도의 얕은 수심을 이루고 있다.
    이곳의 어류와 조개류는 매우 좋은 서식 환경을 가지고 있어 밤낚시와 관광이 활발하다. 몰디브는 100% 해양성 기후의 열대 지방에 자리 잡고 있지만, 강우량은 상당히 적다. 남북의 길이는 840km, 동서의 폭은 80km~120km에 달하며, 해양 면적은 약 9만 km²로 매우 넓다. 이 나라는 1,190개의 섬으로 구성되어 있으며, 그중 201개가 무인도이다. 위도는 남위 0°41′에서 북위 7°60′까지 이어져 있다.

이 섬들에 분산된 인구는 총 50만 명 정도이고, 수도인 말레에는 약 17만 명이 거주하고 있다. 이 해역은 인도양의 중심 해역으로, 남인도와 스리랑카의 해양 특성과 거의 동일하지만, 해안의 성격은 약간 다르게 보일 수 있다.

　몰디브의 산호초 섬 중 하나인 홀리데이아일랜드(Holyday Island)는 훌륭한 리조트 시설을 갖추고 있다. 이 섬은 길이 700m, 폭 100m 정도로, 하나의 섬에 하나의 리조트 시설이 있는 셈이다. 섬의 제일 높은 곳도 해발 2m 이하로, 해수면과 거의 같은 저지대를 이룬다. 따라서 인도양의 화산이나 지진 활동으로 인한 쓰나미의 영향을 크게 받을 수 있는 완전 저지대라 할 수 있다.

　해발 1m~2m 되는 산호초 모래섬에도 큰 야자수와 몇 가지 교목이 자라고 있으며, 모래사장에는 소수의 초본류가 자생하고 있다.

스리랑카

스리랑카의 자연환경

스리랑카는 인도양 한가운데 위치한 큰 섬으로, 열대성 기후와 해양성 기후를 특징으로 하여 열대 수림을 이루고 있다. 폭발적인 광합성 작용으로 인해 막대한 양의 초목이 자생하고 있다.

스리랑카의 면적은 약 6만6천km²이며, 인구는 약 2천2백만 명이다. 도서 국가로서 성격을 지니며, 특산물로는 실론 차와 천연고무가 있다. 인도양과 접하는 해안선의 경관은 같은 바다라고 해도 동서남북 위치에 따라 차이가 있으며, 어업이나 해양 산업은 발전되지 않았는데, 이는 불교 문화와도 관련이 있다.

오늘날 눈부신 과학 기술의 발전으로 전 세계는 마치 축지법을 쓰듯 좁아지고 있으며, 세계화와 정보 시대의 흐름은 빠른 변화를

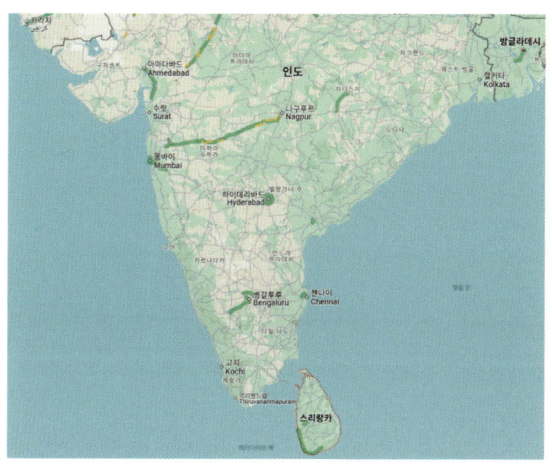

남인도의 섬나라 스리랑카 지도

요구하기에 해탈의 세계와는 거리가 멀어 보인다.

스리랑카는 남인도의 바로 남동쪽에 있는 큰 섬으로, 인도양 한 가운데 떠 있다. 위도상으로는 북위 50°~100° 사이에 있으며, 남북의 길이는 437km이다. 동경 79°~80° 사이에 위치하며, 동서의 길이는 약 225km다. 고온다습한 열대성 기후대의 해양성 기후에 큰 영향을 받는다. 스리랑카는 인도양과 벵골만 해역의 경계에 있으며, 북서부는 인도의 남동 해안과 팔크(Palk) 해협을 사이에 두고 마주보고 있다.

스리랑카는 인도양의 해양학적 성격으로 인접한 몰디브와 비슷하지만, 기후적 여건, 즉 강우량과 바람의 방향, 강도 등이 달라 자연환경 조건이 다르다. 스리랑카의 피두루탈라갈라산(2,524m)은 섬을 동서로 나누고 있어 동쪽 해안과 서쪽 해안의 해양 환경이 다를 뿐만 아니라, 저서생물상도 같지 않다. 그러나 원양성 어류의 서식은 인도양의 어류 군과 다르지 않으며, 이는 몰디브와도 동일하다. 산호초를 형성하는 해면동물문과 자포동물문에는 수많은 종이 있어 비슷한 위도, 비슷한 해역이라도 상세하게는 다를 수밖에 없다.

　섬 전체는 열대 수림으로 이루어져 있으며, 폭발적인 광합성 작용으로 막대한 양의 초목이 자라고 있다. 연평균 기온은 약 26℃~30℃로 열대지역이지만 해양성 기후의 영향으로 온화한 편이다. 연평균 강우량은 약 2,400mm이며, 남서부 평야와 산악지대에는 더 많은 비가 내린다. 전 국토의 30% 이상이 산림지대이고, 경작지는 20%, 초원은 7% 정도를 차지한다. 스리랑카의 자연 상황을 잘 보여주는 왕립식물원은 열대식물로 조성되고 있으며 관리되고 있다.

소말리아

소말리아의 해양 환경

소말리아는 해양학적으로 매우 중요한 자연 지리적 위치에 있는 나라다. 지중해, 스에즈 운하, 홍해, 인도양을 연결하는 해역의 입구에 있어 해상 교통의 요지로 세계적인 주목을 받고 있다. 또한 아라비아해와도 접하고 있는 해상 교통의 요지이다.

소말리아의 면적은 637,657km²로 상당히 넓지만, 인구는 약 1천8백만 명으로 인구밀도는 낮다. 이 나라 대부분의 국민은 수니파 이슬람교를 믿는 무슬림이다. 일 인당 국민총소득(GNI)은 약 540달러로 매우 가난한 나라이다.

홍해와 수에즈 운하를 통과하는 모든 선박은 소말리아의 홍해 입구를 통과하기 때문에 해적들의 표적이 된다. 이 해적들은 신속하고

아프리카 소말리아의 위치

날렵하게 무장한 채 결사적인 생존 투쟁을 하며, 매우 극렬한 방법으로 돈을 갈취한다. 유조선과 화물선의 왕래가 매우 빈번한 해역으로 "소말리아 해적"이라는 악명을 떨치고 있다.

아라비아해

아라비아해의 인접 국가들

아라비아반도와 인도 사이의 바다는 아라비아 바다로 불리며, 실제로는 인도양의 서북쪽에 있는 바다이다. 아라비아해의 면적은 3,862,000km², 최대 폭은 2,400km, 최대 수심은 4,652m이다. 아라비아반도 양편으로 아덴만과 오만만이 있으며, 아덴만은 바브엘만데브 해협을 통해 홍해와 연결되고 수에즈 운하와도 이어지는 해상 교통의 요지이다. 오만만은 호르무즈 해협을 통해 페르시아만과 연결된다.

아라비아해는 오랜 세월 동안 여러 나라의 해상 교통 요지였으며, 수에즈 운하의 개통 이후로는 세계적으로 중요한 해상 교통로로 발전했다. 현재는 유조선의 왕래가 빈번한 해역이다. 기후적으로 열대

아라비아해 지도

해역에 인접해 있어 수온이 높고, 해조류와 산호초가 왕성하게 번성한다. 이는 홍해나 페르시아만과 유사한 해양 생태계로, 아라비아해는 열대 해양 생물이 번식하기에 적합한 환경을 제공한다.

아덴만 주변 국가들은 빈부 격차가 커 유조선의 왕래를 방해하는 해상 약탈 행위가 빈번하다. 또한 인도 쪽에는 작지만 캄바트만과 쿠치만이 있다. 이곳에는 피람섬 하나만 존재하며, 다른 섬이 없는 수심이 깊은 해역이다.

이 바다로 유입되는 주요 담수원은 인더스강, 갠지스강, 나르마다강, 탑티강, 마하강 등이다. 이 바다의 동쪽은 인도, 북쪽은 파키스탄의 발루치 지역이다. 아라비아해와 접하고 있는 나라는 이란, 이라크, 오만, 예멘, 소말리아, 파키스탄, 인도 등이다.

인도는 인도양의 중앙에 역삼각형 모양을 하고 있으며, 북인도양을 동서로 양분하는 거대한 반도 국가이다. 인도의 서쪽은 아라비아해, 동쪽은 벵골만으로 광대한 해역을 포함한다. 인도의 면적은 328.7km²이고, 인구는 약 14억 명이다. 인도는 아라비아해와 벵골만의 해안선을 모두 가지고 있으며, 안다만 제도와 니코바르 제도에 의해 안다만해가 형성된다.

이란은 페르시아만의 동북쪽 해안을 거의 완전히 소유하고 있으나, 사우디아라비아에서 돌출된 지형으로 인해 페르시아만의 입구가 좁아졌다. 이란의 면적은 1,648,000km², 인구는 약 9천만 명이며, 일 인당 국민총소득(GNI)은 약 4,600달러 수준이다. 수도는 테헤란이다. 이란은 역사적으로 부와 국제적 세력을 가진 나라였지만, 최근 반미 정책과 핵 보유로 인해 전쟁의 위기와 경제적 고립을 겪고 있다. 아부다비가 이란의 내만까지 돌출되어 있어 호르무즈 해협의 바닷길은 이란의 본토를 경유한다. 따라서 이란과 오만 사이에 국경 분쟁이 일어날 수 있으며, 원유 수송선 통과에도 영향을 미칠 수 있다.

이라크는 페르시아만의 안쪽 끝에 약간의 해안선을 가지고 있어 바다로 나갈 수 있는 유일한 만(bay)을 확보하고 있다. 이라크의 면적은 438,000km², 인구는 약 4천5백만 명이며, 수도는 바그다드이다. 일 인당 국민총소득(GNI)은 약 5,600달러이다.

오만은 페르시아만으로 통하는 아덴만의 입구를 장악하고 있으며, 아라비아해의 주요 해양 국가로서 페르시아만의 원유 수송선과 선박의 출입에 큰 영향을 미친다. 오만의 면적은 310,000km², 인구는 약 5백만 명이며, 일 인당 국민총소득(GNI)은 약 21,500달러이다. 수도는 무스카트다.

페르시아만

페르시아만과 호르무즈 해협

페르시아만은 아라비아반도와 이란 사이에 있는 바다로, 아라비아만이라고도 하며 영어로는 더 '걸프(The Gulf)'라고 부른다. 동쪽으로는 호르무즈 해협(Strait of Hormuz)을 통해 오만만과 연결되고, 서쪽으로는 샤트알아랍강의 삼각주가 펼쳐져 있다.

페르시아만은 천해로, 호르무즈 해협이 아라비아 바다를 막고 있어 반은 폐쇄된(semi closed) 바다이다. 페르시아만의 연안 지역에는 막대한 양의 원유가 매장되어 있어, 이 만을 둘러싼 국가들은 대부분 산유국이며 유전의 영향을 크게 받는다. 그러나 바닷물은 깨끗하고 청정하며, 수온은 20℃ 이상의 따뜻한 열대 해역이다.

페르시아만의 면적은 25만km²이고, 만의 최장 길이는 989km이다. 이곳은 얕은 바다로, 가장 깊은 곳은 이란 쪽으로 110m이며 연안 쪽으로 갈수록 얕아져 30m 정도의 깊이를 지닌다.

이 만에는 아부무사섬, 케슘섬, 호르무즈섬, 헨감(Hengam)섬, 카그섬, 시리섬, 라라크섬, 헨두라비(Hendurabi)섬, 라반섬, 파르시(Farsi)섬 등 자연 섬들이 있다. 또한 아랍에미리트나 두바이 같은 나라들은 인공 섬을 만들어 제4차 산업을 통해 경제 부흥을 도모하고 있다.

호르무즈 해협은 페르시아만과 오만만을 잇는 좁은 해협으로, 북쪽으로는 이란, 남쪽으로는 아랍에미리트와 접하는 국경 지대이다. 가장 좁은 해역은 39km에 불과하며 수심은 75m~100m 정도이다. 대형 원유 선박이 통과하는 해로는 불과 4km 정도로 협소하여, 국제적인 해상사고, 해협 봉쇄, 무력 충돌 같은 예기치 않는 상황이 있을 수 있는 예민한 해역이다.

호르무즈 해협의 연안에는 이란 본토에 가까운 케슘섬, 라락섬, 호르무즈섬 등이 자리 잡고 있다. 세계 석유의 20%가 이 해협을 통과하며, 매일 1,700만 배럴의 석유가 이 해역을 통해 수송된다.

이란과 오만 사이의 좁은 해협(이란 쪽으로 툭 튀어나온 삼각형 모양의 반도가 이란 본토와 가까운 거리에 있다)은 두 나라의 이해관계로 인해 영토권 분쟁이 발생하는 지역이다. 페르시아만을 둘러싸고 있는 주요 나라를 살펴보면 다음과 같다.

• **아랍에미리트(UAE)** : 1971년에 일곱 개의 소국이 연합하여 아랍에미리트 연합국을 형성했다. 반도의 대부분을 소유하고 있으며, 오

만은 해협의 말단에 영토를 가지고 있다. 일곱 개 소국의 면적은 84,000km²이며 수도는 아부다비이다. 아부다비의 인구는 약 900만 명이며, 일 인당 국민총소득(GNI)은 약 53,000달러(2023년 기준) 정도이다. 대부분의 거주자는 외국인이고 본토인은 약 250만 명이다. 아랍에미리트의 경제권은 아부다비가 86%를 차지하며, 아부다비는 200여 개의 자연 섬을 가지고 있다.

아부다비시는 해수를 담수화하여 풍족하게 물을 사용함으로써 사막의 환경을 녹화하는 데 성공했다. 바닷가의 수심이 낮거나 갯벌 지역에는 홍수림(맹그로브)을 대량으로 심어 녹화운동을 본격적으로 진행하고 있다.

아부다비시의 외곽 순환도로인 코르니쉬 로드는 해안도로로, 바다와 도시가 어우러져 경관이 아름답다. 이 바닷가에는 팔성급 에미리트팰리스호텔과 왕자의 궁이 화려한 건축물로 자리 잡고 있어, 관광객들에게 포토존을 제공하고 있다.

아부다비시에 최근 건설된 이슬람교 사원인 그랜드모스크는 이 나라의 부를 과시하는 아름다움과 웅장함을 겸비하고 있다. 깨끗하고 신성한 느낌을 풍기며, 마치 꿀과 젖이 흐르는 낙원처럼 꾸며져 관리되고 있다. 현대적인 건축물로, 대단히 크고 내부의 조명과 시설은 훌륭한 이슬람 예술의 극치를 보여준다. 이슬람교 성직자인 이맘들은 외모가 준수하고 의복이 깨끗하여 신뢰를 받기에 충분하다. 다시 말해, 사막 속에서 경제적 꽃을 피운 부유한 산유국의 면모를

아부다비에 있는 아랍에미리트 대통령궁을 강 건너에서 바라본 모습

잘 보여준다.

두바이는 지형적으로 호르무즈 해협을 끼고 있어 페르시아만의 해양 세력을 지니고 있다. 1968년 영국에서 독립한 아랍에미리트 연합국 중의 일원이다. 1966년의 석유 생산량은 아랍에미리트 전체 생산량의 4%에 지나지 않지만 윤택한 나라이다. 두바이는 인공 섬을 약 350개나 만들어 4차산업에 집중하고 있다. 두바이의 인구는 500만 명 정도이다.

• 쿠웨이트 : 페르시아만의 북서쪽에 위치한 산유국으로, 국토 면적에 비해 상당히 긴 페르시아만의 해안선을 확보하고 있다. 면적은 약 18,000km²이고 인구는 약 4백8십만 명이다. 일 인당 국민총소득은 46,000달러 정도로 수도는 쿠웨이트다.

• 바레인 : 바레인은 페르시아만의 한가운데 위치한 작은 나라로,

해양 진출이 용이하다. 면적은 약 780km²이고, 인구는 약 166만 명에 불과하지만, 일 인당 국민총소득(GNI)은 28,000달러(2023년 기준) 정도이다.

• **카타르** : 바레인과 국경을 맞대고 있으며, 페르시아만 남쪽 해안의 중앙에 위치한 작은 나라이다. 면적은 약 11,000km²이고, 인구는 약 290만 명이다. 일 인당 국민총소득(GNI)은 70,000달러(2023년 기준)가 넘으며 수도는 도하이다.

홍해의 바다

홍해의 산호초와 열대 해역의 생물상

홍해(Red Sea)는 아프리카 대륙의 북쪽과 아시아 대륙의 서남단에 위치한 내해로, 길쭉한 직사각형 모양을 하고 있다. 바닷물의 색깔이 붉게 보인다고 해서 홍해라는 이름이 붙었다.

이 바다에서는 청산호, 백산호, 홍산호의 다양한 군락이 자생하며, 최적의 군락 환경을 이루고 있다. 특히 홍산호가 많이 자라는 해역은 물빛이 붉게 보여 '홍해'라는 이름에 일조하고 있다.

홍해 해역으로 담수와 함께 유입되는 영양염류는 식물성 플랑크톤의 물꽃 현상을 일으킨다. 남조류 중 흔들말속(*Oscillatoria*), 아나베나속(*Anabaena*), 아파니조메논속(*Aphanizomenon*)의 붉은 색소를 지니는 종이 대량 발생하여 바닷물의 색깔을 붉게 물들인다.

홍해와 주변 국가들

    그러나 바닷물의 색깔은 연안에서 떨어진 원양에서는 청색이며, 수심이 낮고 모래가 쌓인 연안에서는 맑은 비취색을 띤다. 홍해는 스노클링, 다이빙, 잠수, 수영 등 해양 스포츠를 즐기기 위해 사람들이 몰려드는 천혜의 바다이다.

    홍해(45만km²)의 수온은 여름철에 28℃이고, 겨울철에도 20℃ 이하로 내려가지 않는다. 염도는 4.1‰로 매우 높은 편이다. 이 바다는 양옆으로 거대한 사하라 사막(940만km²)과 아라비아 사막(233만km²)이 둘러싸고 있어, 사막의 열기로 인해 바닷물이 많이 증발하며 해수 온도가 따뜻하다. 11월의 실측 수온도 약 22℃ 이상으로 상당히 높다.

CHAPTER 9. 인도양의 바다와 해양 생태계

홍해 백산호군락

후르가다(Hurghada)는 홍해의 리조트 시설이 발달한 레저 스포츠 단지이다. 바다를 접하고 있지만, 사막 위에 세워진 작은 도시로서 황량한 환경에서도 녹화가 잘 되어 있어서 생명력을 느끼게 한다. 거리와 건물은 깨끗하고 산뜻해 마치 사막의 왕국에 별천지를 이룬 오아시스 같다. 이 도시의 모든 용수는 바닷물을 담수화하여 사용하고 있다.

후르가다 연안에서 1km~2km 떨어진 해역에서 반 잠수함을 타고 수중 생태계를 관찰한 결과, 해수는 매우 청정하며 저서생물은 완전히 산호초로 덮여 있다. 이곳은 산호초의 생장 조건에 아주 좋은 바다로, 산호초 어류, 즉 열대 어류가 풍성하게 자생하고 있다.

해저에는 다양한 종류의 산호초 군락이 자리 잡고 있다. 산호초는 다양한 생물의 집합체로, 대부분 해면동물문과 자포동물문에 속한다. 열대 해역을 중심으로 자생하는 해면동물문에는 약 15,000여

홍해 해역에서 자생하는 산호초와 물고기떼

 종의 산호초가 있고 자포동물문에는 9,000여 종이 포함된 것으로 알려져 있다. 이들은 환상적으로 아름다운 수중 생태계를 이루고 있다.

 산호초 환경에서 자생하는 어류로는 줄무늬돔, 돌돔 같은 다양한 돔류가 많으며, 치어 떼에서부터 대형 어류에 이르기까지 먹이 사슬이 잘 구축되어 있다. 수많은 종의 돔류가 먼저 관찰되며, 복어, 가

자미, 가오리, 돌고래, 상어 등 다양한 어류가 수중 생태계의 피라미드를 형성하고 있다. 홍해에서 조사된 어류는 1,000여 종으로 알려져 있으며, 연안에는 작은 치어와 어류 떼가 대량으로 자생하고 있다.

저서생물로는 여러 종류의 불가사리, 성게, 해삼, 바닷가재, 게, 새우 등이 서식하고 있다. 해조류로는 녹조류보다 홍조류가 더 많이 자생하며, 갈조류의 자생은 적다.

홍해의 바다와 지형

홍해의 면적은 45만km²이고, 최대 길이는 1,914km, 최대 폭은 300km이다. 최대 수심은 3,040m이고 평균 수심은 약 500m이다. 홍해는 인도양의 내해로서 사하라 사막과 아라비아 사막 사이에 갇혀 있는 큰 해양 호수의 형태를 지니고 있다.

홍해에는 티란(Tiran)섬, 자발알타이르(Jabal al Tair)섬, 페린섬, 하니시(Hanish)섬 등 여러 개의 섬이 있다. 홍해의 중요한 담수원으로는 바르카(Barka)강, 하다스(Haddas)강, 안세바(Anseba)강 등이 있다.

지중해와 홍해 사이에는 삼각형 모양의 시나이반도(60,000km²)가 있다. 이 반도는 서북쪽으로는 수에즈만, 남동쪽으로 아카바만, 남쪽으로 바브엘만데브 해협과 접하고 있으며, 요르단과 사우디아라비아와 접하고 있다.

수에즈만은 아카바만보다 크고 넓지만, 해상 교통 요지여서 해양 리조트와 해양 산업 시설이 거의 없다. 반면, 시나이반도의 남쪽과 아카바만의 시나이반도 해변에는 이러한 시설이 많이 세워져 있다.

홍해는 거대한 사하라 사막과 아라비아 사막 사이에 끼어 있는 상대적으로 아주 작은 바다이다. 시나이반도 역시 강우량이 거의 없는 사막 지역이다. 사막의 강력한 기후로 인해 육지는 완전히 불모지이지만, 바다를 즐기는 사람들, 특히 북구의 사람들이 선호하는 찬란한 태양 광선의 별천지이다.

홍해의 서북쪽 끝은 수에즈 운하를 통해 지중해와 연결되어 있고, 다른 한쪽은 바브엘만데브 해협을 통하여 아덴만과 연결되어 인도양과 소통하는 바다이지만 거의 폐쇄된 내해(semi-closed)이다.

홍해의 서남부 끝에 있는 작은 나라 지부티는 열대성 해조류를 대규모로 양식하고 있다. 프랑스는 홍조류를 주재료로 한 카라기난 생산을 자부심을 가지고 최초로 개발했다. 프랑스 식민지 시절 해조류의 서식 조건이 우수한 이 해역에서 카라기난의 원자재로 사용하기 위해 대량으로 양식을 시작했다. 현재 지부티는 프랑스로부터 독립한 나라로, 면적은 23,000km², 인구는 약 110만 명이며, 일 인당 국민총소득(GNI)은 약 3,400달러(2023년 기준) 정도이다.

아프리카 쪽에서 홍해와 접하는 주요 국가는 이집트이다. 이 밖에도 여러 나라가 홍해와 접하고 있어, 참고로 몇 가지 인문 지리적 지표를 몇 가지 살펴보겠다.

수단은 면적이 1,886,000km², 수도는 하르툼, 언어는 아랍어와 영어, 종교는 이슬람교와 가톨릭을 믿는다. 수단은 홍해의 중앙 부위를 차지하고 있으며, 일 인당 국민총소득(GNI)은 약 990달러(2023년 기준) 정도인 나라다.

에리트레아는 면적 118,000km², 인구 약 340만 명, 수도 아스마라, 언어는 아랍어를, 종교는 이슬람교와 동방정교를 믿는다. 일 인당 국민총소득(GNI)은 약 600달러이다.

소말리아는 면적 638,000km²의 상당히 큰 나라지만, 정치적 불안정으로 유명하다. 인구는 약 1천8백만 명 정도이다. 수도는 모가디슈이고 소말리아어와 아랍어를 사용하며, 종교는 이슬람교이다. 일 인당 국민총소득(GNI)은 610달러(2023년 기준) 정도이다.

홍해와 접하는 아시아 대륙의 국가는 예멘, 사우디아라비아, 요르단, 이스라엘 그리고 시나이반도이다. 아프리카 대륙의 국가는 이집트, 수단, 에리트레아, 지부티, 소말리아이다.

사우디아라비아는 홍해의 한쪽 해안을 거의 다 차지하고 있으며, 홍해의 중앙 해안에는 제다와 메카 같은 도시들이 있다. 면적은 2,150,000km²이고, 인구는 약 3천3백만 명이다. 수도는 리야드이며, 아랍어와 영어를 사용하고, 종교는 이슬람교이다. 일 인당 국민총소득(GNI)은 28,600달러(2023년 기준)이다.

예멘은 홍해의 남쪽에 위치하는 나라이며, 면적은 528,000km², 인구는 약 3천9백만 명이다. 수도는 사나(Sana'a)이며, 국교는 이슬람교이고, 아랍어를 사용한다. 일 인당 국민총소득(GNI) 630달러(2023년 기준)이다.

요르단은 홍해의 최상단에 위치하며, 면적은 89,000km²이고 인구는 약 1천1백만 명이다. 수도는 암만이고 이슬람교를 믿는다. 아랍어와 영어를 사용하며, 일 인당 국민총소득(GNI)은 4,460달러(2023년 기준)이다.

이스라엘은 홍해 최상단에 약간의 해안을 가지고 있다. 면적은 22,000km², 인구는 약 9백2십만 명이다. 수도는 예루살렘이며 히브리어와 아랍어를 사용하고, 유대교와 이슬람교를 믿는다. 일 인당 국민총소득(GNI)이 55,000달러(2023년 기준)인 나라이다.

홍해

홍해는 거대한 사하라 사막과
아라비아 사막 사이에서
쪼그라질대로 쪼그라진
불모지 속의 생명 샘이다.

바닷물에 홍조가 일 듯
홍조류의 번식이 왕성하고
온갖 해양 생물의 보금자리
지형은 바게트 빵 같다.

이곳은 때로 세계의 이목을 끈다.
바다 한 쪽은 전쟁터였던
수에즈 운하와 지중해.
다른 한 쪽은 아덴만과 대서양
지금도 좀팽이 해적 떼의 소굴이다.

홍해는 불의 연옥에서 벗어나
활기가 넘치는 생명의 천국.
더 없이 좋은 지상낙원으로

몰려드는 인파, 안식의 메카이다.

태양은 눈부시게 비치는데
순백의 모래사장 위로
잔잔하게 밀려오는 옥색 파도
파란 하늘과 신기루를 이룬다.

따뜻한 바닷물 속은
홍산호, 청산호, 백산호가 번성하고
진기하고 화려한 어류의 세상이라.

생동감 넘치고 아름다운 바다
물과 불이 만나는 홍해바다여!
오랜 세월 찬란하게 빛나라.

CHAPTER 10

태평양의 바다 자연

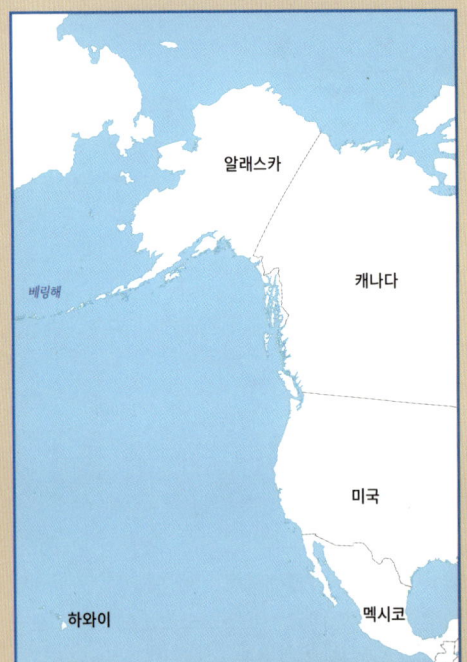

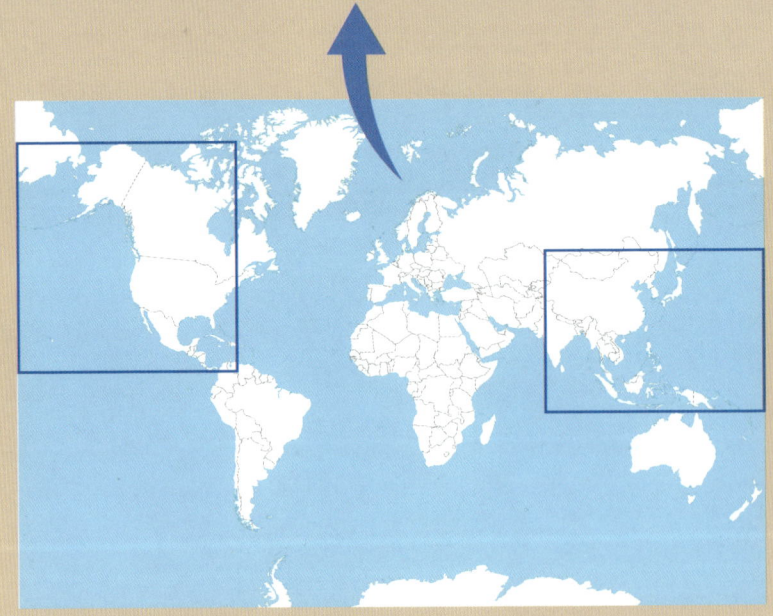

대한민국, 우리나라의 바다와 자연

제주도의 자연

우리나라는 삼면이 바다로 둘러싸여 있으며, 바다마다 각기 다른 해양 특성을 가지고 있다. 동해는 심해로서 태평양의 내해이며, 해양 자원의 보고이다. 서해는 한반도와 중국에 둘러싸여 있어 해류의 흐름이 제한된 천해로, 갯벌 저서생물의 보고이다. 남해는 아름다운 섬들이 많은 다도해로, 우리나라의 3,400여 개의 도서 중 대부분이 이곳에 자리 잡고 있다.

제주도는 남해에 속해 있지만, 육지와 떨어진 거리에 있는 섬으로서 해양성 기후의 영향을 받는다. 이곳은 아열대성 온난 해역의 특성을 보이며, 산호초의 번식이 왕성하다. 제주도의 독특한 자연경관 몇 가지를 소개하면 다음 같다.

하늘에서 바라본 한라산 백록담의 모습

　제주도는 섬 자체가 거대한 하나의 산이다. 제주도는 화산 폭발로 된 섬으로, 해발 1,950m의 고산인 한라산이 해발 0m까지 이어진다. 한라산은 국립공원으로 지정되어 있으며, 산봉우리에서 해변까지 다양한 생태계를 이루고 있다. 최고봉인 백록담 분화구 지역은 고산 생태계로 초본대이다. 그 아래쪽으로는 진달래, 철쭉 같은 관목대가 형성되어 있으며, 산 중턱으로부터 해면에 이르기까지는 아열대성 기후로 강우량이 풍부하고 식생은 활엽수림대이다.

　제주도는 아열대성 기후와 해양 환경을 활용하여 둘레길을 조성하였다. 둘레길은 해발 600m~800m의 국유림을 둘러싼 일제 강점기의 병참로, 산림도로, 표고버섯 재배지의 운송로 등을 연결하여 약 80km의 숲길 산책로를 제공한다.

한라산 둘레길의 생태 조사에 따르면, 78과 254종의 식생이 있으며, 목본으로는 졸참나무, 서어나무, 산딸나무, 때죽나무, 단풍나무, 쥐똥나무, 참꽃나무 등이 자생한다. 초본으로는 둥굴레, 꿩의밥, 천남성, 좀비비추, 개족도리와 다양한 난 종류가 있다. 양치식물로서는 고비, 고사리, 관중, 석송 등이 자생한다.

포유동물로는 오소리와 제주족제비가 있으며, 천연기념물로는 매, 팔색조, 참매 등이 있다. 산림성 조류로는 큰오색딱따구리, 박새, 곤줄박이, 긴꼬리딱새(삼광조) 등이 있고, 산림 습지성 조류로는 원앙과 댕기해오라기가 관찰된다.

제주도의 동서남북에 펼쳐져 있는 다섯 개의 둘레길은 다음과 같다.

- **천하숩길** : 천하숩길의 길이는 10.9km이다, 천하수원지에서 임도 삼거리, 노로오름, 표고 재배장 길을 거쳐 돌오름까지 이어지는 둘레길이다. 이 길을 따라가면 무수천 계곡으로 흘러가는 광령천에 있는 천하수원지와 인근 어승생 수원지를 만나게 된다.

- **돌오름길** : 이 둘레길은 5.6km로 돌오름에서 시작해 표고재배 삼거리와 용바위를 거쳐 거린사슴 입구까지 이어진다. 해발 743m에서 1,270m까지의 구간으로 색달천이 흐르고 졸참나무, 단풍나무, 삼나무 등의 산림 지역이 있다.

- **동백길** : 13.5km로, 무오법정사에서 돈내코까지의 비교적 긴 거

리이다. 이곳은 항일 운동의 성지였던 무오법정사와 4.3 사태의 역사를 지닌 곳으로, 편백과 동백나무의 군락지이다. 강정천과 악근천이 있으며, 한라산 난대림의 대표 수종인 동백나무가 최대 군락지를 이루고 있다. 5.16 도로에서 서귀포 자연 휴양림까지 약 20km이다.

- **수악길** : 사려니오름(해발 523m) 입구에서 돈내코까지 16.7km를 걷는 둘레길이다. 팔색조의 도래지로 알려져 있으며, 둘레길의 중간에서는 한라산을 가로지르는 5.16 도로와 만난다. 신례천은 수악교와 수악계곡을 거쳐 남원읍 신례리로 흐른다. 이 길은 통제구간이 있어 사전예약이 필요하다.
- **사려니숲길** : 이 숲길은 제주시 남쪽의 비자림로에서 사려니오름까지 약 16km의 산책로이다. 이곳에는 난대아열대성 산림연구소가 있으며, 이 길 또한 통제구간이 있으므로 사전예약이 필요하다.

모슬포항은 제주도 남서쪽에 있는 대표적인 항구로, 최남단 어항이다. 모슬포는 모래가 쌓여있는 포구라는 뜻이다. 1971년 12월21일에 국가 어항으로 지정되었고, 해양수산부의 위임을 받아 제주 시장이 관리하고 있다.

이 해역은 남중국해에서 북상하는 해류가 강하고 바람도 강하다. 이곳은 방어의 최대 어장이며, 옥돔, 자리돔 등과 함께 황금어장을 이룬다. 10월부터 다음 해 2월까지 마라도 해역을 중심으로 방어잡이가 왕성하며, 11월에는 방어 축제가 열린다. 이때 대방어(10여kg)가 많이 잡힌다.

　모슬포항의 주변 관광지로는 용머리해안, 송학산, 추사 유배지, 하멜 기념비, 산방산, 가파도, 마라도 등이 있다. 1918년에는 모슬포항과 일본의 오사카항 사이에 정규 항로가 개통되었다.

　문섬은 서귀포 해양 도립공원에 속하며, 서귀포항에서 1.3km 떨어져 있다. 섬의 크기는 동서로 530m, 남북으로 300m로 면적은 96,833m^2이며, 해발 86m의 타원형의 무인도이다. 이 섬의 해양 생태계는 잠수함을 통해 관찰할 수 있다. 문섬에는 118종의 식물이 자생하며, 밤섬에는 142종의 식물이 자생한다.

　문섬, 범섬, 섶섬 일대는 2000년 7월 18일에 천연보호구역으로 지정되었다. 제주도 정남쪽에 위치한 새섬, 문섬, 범섬 등 여러 섬에서는 홍산호가 서식하며, 해저 환경을 아름답게 장식하고 있다. 이 일대에는 111종의 해조류와 다양한 무척추동물의 미기록 종도 서식하고 있다.

　한국에서 기록된 산호충류는 132종이며, 제주도 연안에 서식하는 산호충류는 92종으로 기록되어 있다. 이 중 66종은 제주 해역 특산종으로, 주로 수심 10m~30m의 암반에서 군락을 이룬다. 이 군락은 문섬의 연산호 군락으로 천연기념물 제442호로 지정되어 있다.

　문섬의 해안 절벽에는 연산호 군락이 장관을 이루고 있으며, 이곳에는 구로시오 난류가 흘러 아열대성 해양 성격을 나타낸다. 홍산호는 강한 해류를 피하여 바위틈에 서식하며, 수심 30m~40m에서도 암석에 붙어 자생한다. 이 깊이에서는 광투과성이 매우 약하다.

　수심 10m에서는 파래, 미역, 감태, 모자반, 우뭇가사리 등의 해조류와 함께 고동, 소라, 전복 등의 조개류를 관찰할 수 있으며, 해파리 떼와 멸치 떼도 관찰할 수 있다.

　수심 20m에서는 해삼, 문어, 불가사리 등의 수중 해저 생물과 자리돔, 줄도화돔, 범돔, 놀래기, 쥐치, 아홉동가리, 돌돔 등 다양한 어류를 관찰할 수가 있다.

　수심 30m에서는 해송, 해면, 부채산호, 분홍 맨드라미산호, 맵시산호, 수지맨드라미산호, 돌산호 등으로 뒤덮인 산호 군락지를 관찰할 수 있으며, 세계적인 연산호 최대 군락지의 아름다운 해저 생태계를 보여준다. 바다에서는 햇빛의 투과성에 따라 생물의 서식 환경이 달라진다. 수심 약 30m 이상에서는 광투과성의 감소로 인하여 연산호 군락을 자세히 관찰하기 위해서는 조명이 필요하다.

　수심 40m에서는 난파선의 잔해를 관찰할 수 있는데, 이는 일종의 어류 아파트로 사용된다. 이곳에는 다금바리와 같은 대형 어류가 서식하고 있다. 손바닥만한 크기의 자리돔은 무리를 지어 회유한다. 산호충류는 1cm 정도 자라는 데 약 10년이 걸린다.

　마라도는 남제주의 산방산 정남쪽으로 11km 거리에 있다. 마라도의 면적은 0.3km²이며, 가장 높은 곳은 해발 34m로 천연기념물

423호이다. 이곳은 해양 기후의 영향이 강하게 작용하며, 바람과 구름의 변화가 심하다. 마라도는 우리나라 최남단 국토로 많은 사람들이 찾고 있으며, 바다 자연을 즐길 수 있는 기반이 잘 구축되어 있다. 한 시간 정도의 산책길에서 원양의 자연과 갈매기의 비상은 아름다운 경관을 제공한다.

가파도는 우리나라에서 가장 낮은 해발(20.5m)을 지닌 영토이다. 동서의 길이는 1.3km, 남북의 길이는 1.4km로 면적은 0.9km²이다. 가파도와 마라도의 거리는 5.5km이다. 가파도는 농업과 어업에 종사하는 주민이 비교적 많다. 지형적으로 평원을 이루고 있어 해안 산책길 개발이나 자전거 타기 같은 힐링 운동 장소로, 넓은 바다 경관과 보리밭 같은 특색 있는 경관을 살리기 위해 노력하고 있다.

제주도의 중문단지 내 주상절리 공원은 대단히 아름다운 지질학적 명소로, 경관이 뛰어나다. 이 지역의 기후에 적합한 소철을 주종으로 한 아열대성 식물 공원이 형성되어 있어, 바다와 육상의 경관이 잘 어우러진다. 주상절리는 용암이 분출되어 육각의 기둥 모양으로 굳어진 화산 활동의 결과물이다.

서귀포시에 위치한 천지연 폭포는 절경을 이루며 천연기념물 제163호로 지정된 곳이다. 구실잣밤나무 등의 난대식물이 자생하는데, 이곳의 계곡 전체는 자연보호구역으로 지정되어 있다. 이곳에는 무태장어(천연기념물 제27호)와 은어가 대량으로 서식하고 있다. '천지연'이라는 이름은 하늘과 땅이 만나 이루어진 연못이라는 뜻이다.

제주도 서귀포시의 천지연 폭포

폭포의 폭은 12m, 높이는 22m, 연못의 수심은 약 20m이다. 천지연 폭포는 상단에 있는 솜반천 냇물에서 솟아나는 맑은 물이 근원지이다.

명승 제43호로 지정된 정방폭포는 높이 28m, 폭 8m, 깊이 5m로 바로 바다로 떨어지는 폭포이다. 이 앞에는 섶섬, 문섬, 새섬, 범섬이 있어 난대림이 울창하여 남국의 정취를 느낄 수 있다. 폭포 자체가 대단히 아름다운 경관을 이루며, 바다 정경과 함께 폭포수의 비말과 물소리, 파도 소리가 조화를 이룬다.

산방산은 해발 395m의 종 모양 화산체로, 산과 바다를 한눈에 조망할 수 있는 수려한 경관을 지닌 해변의 산이다. 산의 둘레는

3,780m이며, 면적은 988,332m², 즉 약 1km²이다. 이 산에는 해발 150m 지점에 가로와 세로 5m, 길이 10m의 해식동굴인 산방굴이 있다. 산방산에서는 가파도, 마라도의 전경과 멀리 펼쳐지는 수평선을 전망할 수 있다.

강원도 동해안의 자연

한반도는 지형학적으로 동쪽이 높고 서쪽이 낮은 동고서저의 지형을 가지고 있다. 서쪽은 저지대이며, 동쪽은 고지대로 이루어져 있다. 동해는 고지대와 접하며 해안선이 단조롭고 수심이 깊다. 면적은 약 100만km²로 한반도의 5배, 남한 면적의 10배에 달한다. 무엇보다 태평양의 내해로서 해수의 양이 많고 수질이 맑고 깨끗한 청정해역이다. 동해는 주로 한국과 일본이 접하고 있으나, 미국, 영국, 러시아, 중국 등도 전략적으로 활용하고 있는 국제적으로 중요한 바다이다.

강원도는 산과 바다를 찾아 힐링할 수 있는 천혜의 자연환경을 가지고 있다. 삼척시, 동해시, 정동진, 강릉시, 양양군, 속초시, 고성 등에는 관동팔경이 산재해 있을 뿐만 아니라, 현대적인 감각으로 새로운 관광산업의 중심지로 자리 잡고 있다. 이 지역 해안의 어촌에서는 연안 어업보다는 다소 먼 바다의 원양어업에 의존하고 있으며, 해안과 해변의 자연보호에 각별히 신경을 써서 관광산업에 발전 기반을 이룩하고 있다.

설악산 국립공원은 내륙 쪽의 내설악과 바다 쪽의 외설악으로 나뉜다. 설악산은 남한에서 가장 아름다운 경관을 자랑하는 고산으로, 태백산맥에서 가장 높은 대청봉(1,708m)을 포함한다. 봄에는 철쭉과 다양한 야생화가 피고, 여름철에는 맑고 깨끗한 계곡물이 흐르며, 가을에는 찬란한 단풍, 겨울철에는 설경으로 많은 사람의 사랑을 받는 명산이다.

한계령과 미시령을 경계로 동해 쪽을 외설악이라고 부르며, 천불동 계곡, 울산바위, 권금성, 비룡폭포, 토왕성폭포 등 기암절벽과 절묘한 산세가 특징이다. 내륙 쪽에는 내설악이 위치해 있으며, 백담사와 오색약수 등의 아름다운 심산의 면모를 자랑한다.

동해는 해양학적으로 조석의 차이가 거의 없고, 북쪽에서 흘러내리는 한류와 남쪽에서 올라오는 난류가 만나는 해역으로, 좋은 어장을 형성한다. 과거에는 많은 어획량을 기록하며 세계적인 어장으로 유명했다. 현재도 명태, 고등어, 꽁치, 청어, 정어리, 오징어, 대게, 홍게 등의 어장을 형성하고 있다.

이 해역의 청정성을 활용하여 양식업이 발달하고 있으며, 인공어초의 투하가 어촌의 부유함에 기여하고 있다. 해산물의 생산은 일년 내내 꾸준히 이루어지며, 특히 청정 해역에서 수직적인 양식 설비로 생산된 가리비 같은 패류는 환상적인 맛을 자랑하는 특산물이다.

 강릉시 안목항의 해안 거리는 커피 애호가들이 바다를 즐기며 커피를 마실 수 있는 전문 커피점들이 모여 있다. 바닷속에 설치된 인공 구조물이 원양에서 밀려오는 파도에 부딪혀 만들어지는 하얀 물거품이 아름다운 경관을 연출한다. 이 아름다운 바다 경관을 감상하며 힐링할 수 있는 장소로, 서양의 어느 유명한 해안 못지않게 좋은 분위기를 연출하고 있다.

 속초시의 명물로 개발된 외옹치 해안 둘레길은 1.74km에 이르며, 해안의 아름다운 경관과 바다의 시원한 자연을 배경으로 만들어진 산책로이다. 많은 사람들이 이곳을 산책하기 위해 찾아오며, 동해안

신선대에서 바라본 설악산 공룡능선

의 경치와 푸른 바다의 자연경관을 즐기면서 힐링의 시간을 가질 수 있다.

우리나라의 해양환경과 탄소중립

바다는 인류에게 막대한 영향을 미친다. 더 나아가 인류의 미래는 바다에 달려 있다고 해도 과언이 아니다. 바닷물의 온도 상승은 대기가 흡수한 태양 에너지의 열량 때문이며, 이렇게 상승한 온도는 쉽게 내려가지 않는다.

기후 온난화는 기후변화와 직접적인 관계가 있다. 또한 바다는 넓은 지표 면적을 차지하고 있어 인류의 생활환경에 큰 영향을 미친다. 해수 온도의 상승은 증발량 증가, 태풍의 발생, 폭우 발생 요인 등으로 작용한다.

지구 환경은 사람과 동식물의 호흡, 각종 산업체에서 발생하는 CO_2의 양을 수용할 수 있었으나, 기후변화가 나타나는 이유는 탄소중립을 이루고 남은 CO_2가 지속적으로 쌓임으로써 농축요인(concentration factor)으로 작용하기 때문이다. 지구의 환경 변화가 인류 생존에 미치는 영향을 직시하고, 이를 개선하기 위한 노력이 필요하다.

우리나라는 반도 국가이지만, 현실적으로는 섬나라와 다름없다. 삼면이 바다인 우리나라는 서쪽으로는 서울에서 164km 떨어진 격렬비열도가 최서단이고, 남쪽으로는 제주도 남단에 위치한 마라도가 최남단 국토이다. 동쪽으로는 서울에서 434km 떨어진 독도가 최동단이다.

우리나라의 도서는 3,348개로, 남해에 2/3, 서해에 1/3이 위치해 있다. 동해는 심해여서 울릉도와 독도 외에는 섬이 거의 없다. 가장 큰 섬은 제주도와 거제도이며, 유인도는 472개, 무인도가 2,876개이다.

동서남해의 해양 영토는 육상 국토 면적의 약 두 배인 43만km²에 이른다. 울릉도의 면적은 73.2km², 독도는 0.186km²로, 울릉도가 독도보다 약 400배나 크다. 그러나 해양 영토로 본다면 독도가 울릉도보다 오히려 두 배나 크다.

섬은 실제로 해수면 위에 나타난 산봉우리이다. 바다에서도 육상의 산악과 지형적으로 다르지 않으며, 산에 경사면 생태계가 존재하는 것처럼 섬의 사면에도 해양 생태계를 이룬다. 따라서 해양 생태계는 연안 생태계, 저서 생태계, 원양 생태계로 나눌 수 있다.

서해는 얕고 반 폐쇄된 해역으로 리아스식 해안을 이룬다. 남해는 서해와 동해의 중간 성격인 천이 해역이며 다도해가 형성되어 있다. 이 지역은 경관적으로 아름다울 뿐 아니라 해양 생태학적으로 다양한 바다이다.

천해(얕은 바다)는 급경사가 없어 섬의 연안 면적이 넓게 펼쳐지지만, 심해의 경우 섬의 연안은 작게 형성된다. 서해안은 전체가 연안 생태계를 이루지만, 동해는 심해여서 연안의 해수면이 극히 작다. 섬

우리나라는 3천 개가 넘는 섬으로 이루어져 있다. 사진은 다도해해상국립공원 풍경

의 위치와 크기에 따라 연안의 해수 면적이 결정된다.

섬마다 연안이 있으며, 육지의 연안에서 수심 10m, 50m, 100m, 200m에서도 다양한 해양 환경이 조성된다. 햇볕의 투과량과 수심에 따른 압력 차이로 인해 각기 다른 환경이 조성되며, 그에 따라 자생하는 해양 생물도 다르다. 연안 생태계는 수심 200m까지로, 햇볕이 투과되는 광투과층(euphotic zone)에는 수많은 플랑크톤과 각종 어류가 서식한다.

해저 층에도 다양한 해양 생물이 서식한다. 저서생물은 서식 환경에 따라 종류가 달라진다. 바다 밑바닥이 모래, 자갈, 암석 등으로 이루어진 지형과 펄로 이루어진 지형은 서식하는 생물의 종류가 다르다. 펄 지역의 저서동물로는 바지락, 백합, 대합, 홍합, 피조개, 맛조개 같은 조개류와 개불, 새우, 굴, 낙지, 주꾸미, 짱뚱어, 게딱지, 갯우렁, 갯지렁이 등이 있다.

천해에는 녹조류인 청태, 청각, 파래 등이 서식한다. 갈조류인 미역, 다시마, 대황, 감태, 톳 등은 생체량이 크고 해중림을 형성하며, 홍조류인 해태, 우뭇가사리, 꼬시래기 등은 비교적 깊은 수심에서 서식한다. 이들은 주로 바닷속의 암석이나 돌에 붙어 서식하는 저서생물로, 연안 생태계의 한 축을 이루고 있다. 또한 사람들에게는 좋은 식품으로 활용된다.

탄소중립은 육상의 녹색식물에서만 이루어지는 것이 아니라 바다 식물에서도 방대하게 이루어진다. 태평양, 대서양, 지중해 등에서 관찰되는 방대한 녹조 군락은 해양의 탄소중립에 중요한 역할을 한다. 빽빽하게 조성된 해중림 숲은 원시림처럼 자생하지만, 최근 해양 오염으로 인하여 생태 군락이 사멸되거나 축소되고 있다.

육지 연안이나 천해 지역, 예를 들어 독도 해역의 주변에는 대황, 감태, 모자반 같은 갈조류가 생태계를 이루고 있다. 이러한 해조류가 자생하는 해역은 섬 주위나 천해 지역이다. 해중림을 이루는 해역에서는 해조류의 양산뿐만 아니라 탄소중립도 활발하게 이루어진다.

제주도 해역에는 산호가 서식하여 CO_2를 흡수하고 이를 고체인 탄산칼슘으로 저장한다. 그러나 열대지역에서 대량으로 CO_2를 소비하는 것과는 양적으로 차이가 있다. 또한 해양오염으로 인해 산호가 점차 사라지고 있어 지구 환경 변화의 한 요인이 되고 있다.

우리나라는 연안 수역에서 김, 미역, 다시마, 톳 등의 해조류를 대량으로 양식하여 다량의 대기 중 CO_2가 흡수된다. 이렇게 해조류의 생산량은 CO_2 사용량과 직결된다.

한국해양수산개발원의 자료에 따르면 전 세계 미역 생산량은 234만 톤으로, 중국이 167만 톤(71%), 한국이 63만 톤(27%), 일본이 5만 톤(2%)을 차지한다. 또한 우리나라에서 생산되는 다시마의 양은 59.6만 톤이며, 해태의 생산량은 53.3만 톤이다. 톳의 생산량은 4.3만 톤으로, 생산량이 증가하는 추세이며 90%가 일본으로 수출된다. 이 밖에도 파래, 청각 등 다양한 해조류가 생산되고 있다.

우리나라 해조류의 총생산량은 170만 톤으로 전체 수산물의 45%를 차지하지만, 수산물의 총액으로 보면 10%에 불과하다. 2024년 우리나라의 쌀 생산량 3,702,000톤인 점을 감안하면 해조류의 생산량은 상당히 크며, 바다 면적을 고려할 때 증산 잠재력도 크다.

우리나라는 세계적인 기후 위기에 대처하기 위해 탄소중립을 "있는 그대로(such as form)" 적극적으로 실천할 필요가 있다. 바다 양식의 사례를 세계 여러 나라에 알리며 지구 환경 보전에 기여하고, 국가 간의 탄소중립 협의에서 모범적인 역할을 하는 것이 중요하다.

일본의 해양 생태계

홋카이도의 바다

일본의 국토를 이루고 있는 네 개의 커다란 섬 중 하나인 홋카이도는 두 번째로 큰 섬으로, 북위 41°~50° 사이에 있다. 이 섬의 면적은 77,983km²로, 세계에서 21번째로 큰 섬이다. 홋카이도는 아이슬란드보다는 작지만, 사할린섬보다는 크다. 홋카이도를 이루는 섬들의 총면적은 83,423km²이다. 홋카이도와 혼슈와는 쓰가루 해협으로 갈라져 있으나 세이칸 해저 터널로 연결되어 있다.

홋카이도는 남동쪽으로는 태평양, 북동쪽으로는 오호츠크해, 서쪽으로는 동해, 동쪽으로는 러시아와 국경을 이루는 쿠릴열도와 접하고 있다.

쿠릴열도 중 홋카이도에 인접한 네 개의 섬은 에토로후섬(3,139km²),

쿠나시루섬(1,490km²), 시코탄섬, 하보마이 군도로, 이들의 총면적은 4,954km²이다. 이는 제주도의 약 2.7배에 해당하는 면적이다. 일본이 제2차 세계대전에서 패망하면서 쿠릴열도 내 일본 소유의 네 개의 섬에 대한 모든 권한을 포기하게 되어 러시아 땅에 편입되었다. 그러나 홋카이도 시청사에는 이 섬들을 반환하라는 플래카드와 팻말이 설치되어 있다.

홋카이도 서쪽에는 큰 이시카리만이 있으며, 오타루라는 항구도시가 형성되어 있다. 이곳은 북양어업의 기지로, 세계 3대 어장을 이룰 때 막대한 양의 청어, 명태, 대게, 연어, 송어, 가자미가 어획되었다. 따라서 이러한 어류와 해산물을 처리하는 저장 창고와 가공 공장들이 설치되어 있었다.

그러나 쿠릴열도의 전 해역을 러시아가 관할하게 되면서 북양어업은 쇠퇴하고 명태나 청어잡이도 끝나면서 오타루의 어류 관련 산업은 급격히 쇠퇴했다. 수산물 공장 건물들은 일시에 쓸모없는 헛간으로 변했다.

이에 새로운 발상으로 폐허의 공장을 개조하여 관광객을 유치하는 다양한 관광 산업이 육성되었다. 기존 건물들은 제과, 제빵, 유리 공예, 전시장, 식당가, 공예품 상점 등으로 전환되어 새로운 모습의 오타루 시로 재탄생했다. 이로 인해 오타루는 대단히 깨끗하고 깔끔한 관광 도시가 되었다.

오타루항의 연안 감시선

지금 오타루항은 완전히 텅 비어 있으며, 오직 일본의 연안 감시선(Japan Costal Guard) 하나만이 정박해 있다. 이 선박은 최신 장비를 갖추고 있어 해양 감시와 동해 어업의 지도를 계속하는 것으로 보인다.

오타루항의 선착장에는 예전의 건물들이 남아 있으나, 주변은 정결하게 관리되고 있다. 어업기지의 창고들은 한산한 모습을 보이고 있다.

항만 내의 수질은 매우 맑고 깨끗하며, 푸른색을 띤 청정 해역이다. 어로 활동의 흔적은 보이지 않지만, 식당에서는 해산물이 풍족하게 소비되고 있다. 예를 들어 식당에서도 붉은 대게가 무한 리필로 제공되어 많은 양이 소비되고 있다.

시마네현의 해안 환경

시마네현은 복잡한 해안선을 지니고 있으며, 신지 호수와 나카우미 호수를 포함하고 있다. 시마네현의 크기는 6,707km²로 상당히 넓다.

시마네현과 돗토리현 사이에는 사카이 수로가 경계를 이루고 있으며, 이 수도를 가로지르는 대교가 있다. 이 수로는 항구 역할을 하며, 정박한 어선들은 대부분 대형 오징어잡이 어선으로, 찬란한 어로 등을 설치하고 있다. 일본 수산청의 대형 어업 지도선이 정박해 있는 것을 보면, 이 지역의 수산업이 매우 활발하다는 것을 알 수 있다. 이 지도선은 최신 장비를 갖추고 있다.

사카이 수로의 동쪽에는 미호만이 있고, 북쪽으로는 동해의 시치루이 어항이 있다. 이 해안에는 수많은 어선이 자리잡고 있다. 이곳의 어선단은 주로 독도 근해의 대화퇴(동해퇴) 어장에서 오징어를 잡는 어선들이다.

대화퇴 어장은 신한일어업협정이 체결되기 전에는 우리나라 어민들에게 중요한 어장이었으며, 오징어 총어획량의 60%가 이곳에서 잡혔다. 이 지역은 수심 200m 정도의 대륙붕 해역으로, 다양한 어류가 번식하는 풍부한 어장을 이루고 있다.

신한일어업협정 이후, 이 어장의 절반을 일본과 나누면서 우리나라의 오징어 생산량이 대폭 감소했다. 최근 대화퇴 어장의 어획량이 급감한 것은 고도의 어업 기술 발달로 인한 과잉 어획과 해양 환경의 변화로 인한 물고기의 서식지 변경에 있다. 다시 말해, 지구 온난화와 해양 환경의 변화로 오징어 생산이 거의 중단되다시피 한 것이 오징어 가격 급등의 원인 중 하나이다.

시마네현의 신지(宍道) 호수는 미호만과 연결된 나카우미 호수로부터 간접적으로 해수의 영향을 받는 기수호이다. 평균 수심은 4.5m, 최대 수심은 6.4m이다. 호수의 동서 길이는 17km, 남북 폭은 6km, 둘레는 47km, 면적은 79km²이다.

신지 호수에는 무지개송어, 농어, 숭어, 뱅어, 빙어, 산천어 등의 담수 어종과 기수성의 어종이 자생하고 있다. 또한 기수성 재첩, 우렁이, 갈고동 등이 있으며, 조류는 무려 240여 종류가 서식하고 있어 조류의 낙원이라고 할 만하다.

시마네현 신지 호수의 석양

북규슈의 바다 자연

북규슈에는 유명한 온천이 많이 있다. 그중에서 가장 이름이 알려진 온천은 벳푸 온천으로, 일본 최고의 온천수로 유명하다. 다음으로는 후닷지 온천이 있고 그 다음은 유후인 온천이 있다.

벳푸의 인구는 15만 명이지만 연간 찾아오는 관광객의 수는 1,500만 명이나 된다. 여기저기에서 온천의 수증기가 하얗게 피어오르거나 뿜어져 나와 산의 중턱, 집터, 굴뚝 등에서도 볼 수 있다.

벳푸에서는 매일 약 176,000톤의 온천수가 용출되며, 규슈 지방의 중요한 에너지 자원으로 활용된다. 땅 자체가 지열로 따뜻하여 일부 지역은 농사가 어려울 정도로 지열의 영향력이 크다.

벳푸에서 자동차로 20분 거리에 있는 유후인 온천도 대단히 매력

벳푸의 활화산 지역

적이다. 이곳에는 관광객을 위한 각종 먹거리와 일본 고유의 기념품이 진열된 상점가가 있다.

규슈에는 자연 휴양림이 빽빽하게 조성되어 있으며, 주요 수종으로는 일본 삼나무와 왕대나무의 숲이 있다. 이들은 땅에 빈 공간이 없도록 조밀하게 심어진 것이 특색이다.

일본에는 110여 개의 활화산이 있다. 규슈에서 용출되는 뜨거운 물은 식혀서 온천수로 사용하는데, 95℃의 온천수는 너무 뜨거워 '지옥천'이라는 별칭을 붙이기도 한다. 이 물도 적정 온도로 식혀서 증기를 쐬거나 발을 담그는 등 온천욕에 사용한다.

북규슈의 자연 중 하나인 '야나가와'는 일본의 베니스로 불린다. 물이 탁하지만 수심이 아주 낮아 수초가 보이는 작은 수로가 시가지를 관통하고 있으며, 이를 운하로 활용한다. 수로 양옆으로는 주택가가 형성되어 있고, 울타리처럼 자라는 버드나무, 동백나무, 향나무 등의 고목들이 수로 안으로 늘어져 있다.

이 조그만 수로에서 작은 목선에 18명이 밀착해 앉아 사공이 대나무 노로 바닥을 밀어 움직이는 것을 '뱃놀이'라고 한다. 수로 자체가 아주 좁고 수심이 얕아서 매력이 없다. 때로는 수로가 좁고 건널목의 다리가 낮게 놓여 목선에 앉아서조차 지나가기 힘든 불편함이 있다. 또한 도심의 오염된 공기가 수로에 차 있고, 수로의 물도 많이 오염되어 있다.

아소 활화산의 국립공원

아소 활화산은 유후인에서 한 시간 정도의 거리에 있다. 아소 활화산 박물관이 설립되어 있어 자연스럽게 화산에 관한 관심을 가지게 한다.

이곳의 화산구, 즉 분화구에서는 끊임없이 수증기가 용출되며, 매 순간 용출되는 양과 모양이 다르다. 이 지역의 산 대부분은 수목이 없고 억새가 덮여 있는 평탄한 민둥산이다. 그러나 일본 삼나무를 집중적으로 조림한 산도 보인다. 넓은 면적의 산기슭에는 억새류뿐만 아니라 잔디과 또는 사초과 식물이 자생한다. 질경이 또는 토끼풀과 같은 초본류도 관찰할 수 있다.

아소산 주변에는 협곡이 있고, 협곡 열차가 설치되어 있다. 이 열차는 평지의 농원을 가로지르는 관광열차이지만, 일부 구간에서만 아주 작은 협곡이 형성되어 있으며, 짧은 굴을 지나가는 것이 전부이다.

아소 국립공원은 특별 보호구역으로 지정되어 있으며, 인근에는 일본이 정한 자연림 지역이 있어 일본의 백 대 명소 중 하나로 꼽힌다. 자연림이 매우 울창하고 다양한 종류의 식물이 자생하고 있으며, 특히 거목과 거수가 생존해 있다. 계곡의 물은 맑고 깨끗하며, 여러 곳에서 폭포가 형성되어 바위와 나무가 어우러진 아름다운 경관을 자아낸다.

이 지역은 다습하고 기온이 높아, 자생하는 수목의 둥치에는 각

분화구에서 수증기를 내뿜는 아소산활화산의 모습

종 식물의 씨가 발아하여 기생식물들이 자라고 있다. 이런 현상은 이곳의 독특한 생태계를 이루고 있다. 기생식물은 나무 등치 전체에 파릇파릇하게 자라며, 겨울에는 활엽수의 거목이 나목으로 변하고, 등치에는 주로 이끼류와 넓은 잎의 식물이 발아한다.

계곡의 물은 상당히 많고 맑으며, 여러 곳에서 폭포를 이루고 있다. 이로 인해 깊은 계곡물과 원시림의 자연환경이 조성되어 있다.

오키나와 현의 자연

일본에는 혼슈, 홋카이도, 규슈, 시코쿠, 네 개의 섬이 일본을 이루고 있는 중요한 영토이지만 외곽으로 오키나와섬이 다섯 번째로 큰 섬이다. 오키나와는 일본의 43개 현 중의 하나이며, 이 현에는 160여 개의 섬이 있다. 이 중의 48개는 유인도이며 나머지는 무인도이다.

오키나와 본섬의 면적은 1,207km²이며 남북의 장축은 106.6km이지만 동서의 가장 좁은 부분은 겨우 2km 정도로서 태평양의 대

오키나와 해변

양 속에 둘러싸인 작은 섬에 불과하다. 오키나와섬의 인구는 140만 명이며 제1의 도시 나하시에 31만 명이 살고 있다. 도시의 크기는 인구에 비해 상당히 크다. 오키나와현에 포함된 다른 섬으로는 쿠메섬, 이에섬, 니아코섬, 이시가키섬, 아마미오섬 등 비행기 또는 선박의 교통이 원활한 섬들이다.

오키나와 현의 바다

오키나와의 바다는 산호초 해역으로서 산호의 생장이 왕성하다. 그러나 홍산호 군락 같은 화려한 물속의 경관은 관찰되지 않는다. 환경적으로 산호가 왕성하게 번식하는 해역에는 다양한 종류의 어류가 서식한다. 이 해역의 산호초 군락에서는 갈돔, 자리돔, 깃대돔, 흰돔가리, 황줄깜정이, 검은줄꼬리돔 등 산호초 어류가 다양하게 관찰되며, 저서생물로서는 성게와 대왕조개의 번식도 왕성해 보인다. 산호의 잔해가 바닷가 모래사장을 이루는데 고운 모래로서 해수욕장을 쾌적하게 하고 있다.

이곳의 따뜻한 바닷물은 스피룰리나 양식에 좋은 환경을 제공하고 있다. 태평양전쟁 때에는 이것을 대체 식량으로 개발하였다. 이곳은 햇볕이 많으며 스피룰리나 양식 환경이 좋아 스피룰리나의 질이 우수하였다. 그러나 지금은 횟집도 없고 생선 소비량도 적은 대신 미국에서 직송되는 질 좋고 저렴한 육류의 소비량이 많다.

겨울에 아주 추워도 10℃ 이하로 내려가는 경우가 없으며 여름에는 40℃까지 올라가는 경우가 있기는 하지만 30℃ 정도의 기온을 유지한다. 그리고 해수의 온도는 28℃ 정도로서 대단히 따뜻한 수온을 나타내고 있다.

오키나와의 주요한 기후 특성으로 바람과 태풍을 주시해 볼 필요가 있다. 적도 해역에서 발생하는 다양하고 빈번한 대소의 태풍이 북상할 때 이 해역을 통과함으로써 위력을 나타내기도 하고 피해를 주기도 한다. 또한 이 지역에는 상습적인 바닷바람이 있어서 바닷물은 크게 출렁이고 있다.

오키나와에서 국제 해양 엑스포가 1975년에 열렸는데 그것을 기념하기 위하여 1976년 8월에 오키나와 기념 공원이 조성되었다. 이 공원은 바닷가에 있으며 자연경관이 좋다. 세계에서 두 번째로 커다란 추라우미 수족관이 2002년에 건설되었는데, 아크릴 유리 패널로 제작된 대형 수족관에는 수많은 열대어족을 비롯하여 고래상어(길이가 12m), 쥐가오리(넓이가 3m) 같은 대형어류가 회유하면서 환상적인 장관을 연출한다.

수족관의 부속 시설로 돌고래와 거북만의 전용 수족관이 있다. 돌고래 수족관을 오키짱이라고 하는데 대형 돌고래가 사육사의 지시로 먹이를 받아먹으면서 묘기를 펼치고 있다.

오키나와의 추라우미 수족관

    파인애플 공원에는 이 해역에서 수집한 조개껍질을 모아 전시하여 생물의 다양성을 느끼게 해주는 전시관이 있다. 이 전시장에는 초대형에서 아주 작은 것에 이르기까지 다양한 모양과 형태의 조개껍질들이 전시되어 있다.

    오키나와의 여러 해안은 대단히 아름다운 자연경관을 보이는데 예로서 코끼리의 코 모양을 한 20여m의 산호초의 절벽, 만좌모에는 만 명이 앉아도 충분하다는 초장의 평원이 있다. 이곳의 자연경관은 바람과 산호초 암벽과 찰랑거리는 파도 경관이 어울려 절경을 이룬다. 오염되지 않은 천연의 해안 경관으로, 특히 아름다운 저녁 노을이 절경이다.

시코쿠의 자연과 세토내해

 일본은 섬나라이지만, 227,960km²에 달하는 커다란 땅덩어리 혼슈는 한반도나 영국보다 크다. 지구에는 바다가 워낙 커서 대륙이든 섬이든 모든 땅덩어리가 바다 위에 떠 있는 형상이다. 일본 열도는 환태평양 화산지진대의 일부분으로, 수시로 지진과 화산이 분출하는 곳이다. 적도로부터 밀려오는 태풍은 일본 열도를 언제든 덮칠 수 있는 환경이다. 이러한 자연조건 때문에 일본 사람들은 대륙에 대한 꿈을 가지고 있다.

 일본 본토를 이루고 있는 네 개의 섬 중 가장 작은 시코쿠섬은 크기가 18,800km²로, 가가와현, 도쿠시마현, 에히메현, 고치현으로 되어 있으며, 88개의 불교 사찰을 순례할 수 있는 코스가 있다. 가가와현의 주도인 다카마쓰는 세토내해를 접하고 있으며 인구는 약 419,000명이다. 세토내해를 끼고 발달한 다카마쓰시는 오사카시, 고베시, 오카야마시 등과 같이 중요한 해안 도시이다.

 세토내해는 시코쿠, 혼슈, 규슈로 둘러싸인 바다로, 아열대성 해수의 바다이다. 이곳은 작은 섬들이 모여 있는 천해이자 다도해이며, 구로시오 난류가 북상하여 거쳐 가는 곳이다. 그러나 혼슈가 이 해역의 진로를 가로막고 있어서 남중국해에서 밀려오는 구로시오 해류는 대부분 세토내해에서 돌아 나간다.

 세토내해는 일본의 지중해라고 불리며, 북위 32°에서 34° 사이에 있다. 온난다우한 기후로, 연중 최고 기온은 41.2℃, 겨울 최저 기온은 -8℃이다. 남중국해의 강력한 영향을 받으며 때로는 태풍과 함께 집중호우의 피해를 입기도 한다. 풍부한 강수량 덕분에 산림자원이 풍부하며, 올리브나무와 귤나무가 많이 재배된다.

세토내해의 해수면은 21,827km²이며, 길쭉한 장방형을 하고 있다. 동서 길이는 450km, 남북의 길이는 15km~55km이며, 평균 수심은 37.3m, 최대 수심은 105m이다. 이곳의 해수 염도는 30‰~34‰이다. 세토내해에는 약 3천 개의 섬들이 모여 있어 경관이 빼어나며, 여러 해상 국립공원을 이루고 있다. 세토내해는 수산업과 해상 문화를 발달시키고 있는 커다란 호수 같은 바다이다.

혼슈와 시코쿠를 잇는 세토 대교는 길이가 13.1km에 이르며, 현수교, 사장교, 트러스교로 복합된 대형 다리이다. 이 다리는 1978년에 착공하여 1988년에 개통되었으며, 9년 6개월의 건설 기간이 소요되었다. 다리 양편으로 펼쳐지는 다도해의 경관은 아름답다.

다카마쓰시의 세토내해에는 해안 경관이 뛰어난 야시마 드라이브 웨이가 있다. 3.7km의 수목으로 우거진 구불구불한 해안 도로는 바다를 조망하는 풍치지구를 이루고 있으며, 이 일대에는 산림이 빽빽하게 자생하고 있다. 화산, 지진, 태풍의 영향으로 지반이 약한 이곳에서는 빈틈 없이 식목을 하여 나무가 쓰러지는 도미노 현상을 방지하려고 안간힘을 쏟고 있다. 수목의 다양성은 적으나 애기말발도리 같은 방향성 나무가 산림 사이사이에 있어서 산림의 향기가 신선하고 좋다.

다카마쓰의 리쓰린 공원은 400년 가까운 역사를 지닌 에도 초기의 정원이다. 원래 밤나무 공원이었으나 현재는 정교하게 전지된 소나무 정원으로 조성되었다. 수령이 상당한 소나무들이 하나하나 독특한 모양을 하고 있다. 이 공원은 13개의 언덕과 여섯 개의 연못이 있으며, 2천여 그루의 소나무가 돌과 나무, 꽃들과 함께 다양한 아름다움으로 일보일경(一步一景)을 연출한다.

고토히라 궁은 다카마쓰시의 조즈산 중턱에 위치한 바다의 신을 모시는 신사이다. 이 궁의 본당까지는 785개의 계단을 올라가야 하며, 총 계단은 1,386개이다. 섬나라인 일본은 일상의 모든 활동이 바다와 직결되어 있고 바다가 모태와 같은 역할을 한다. 그러나 바

작은 섬들이 모여 있는 세토내해의 풍경

다는 때로 대단히 위협적이기 때문에 바다의 신을 섬기는 정서가 깔려 있다. 따라서 해신을 모시는 신사는 당연히 숭배의 대상이다

니오야마섬과 오카야마 성

나오시마섬은 혼슈에 인접해 있으나 가가와현의 세토나이카이 국립공원에 속해 있으며, 둘레는 16km, 면적은 14km²로 우리나라 여의도 정도의 크기이다. 인구는 약 3,300명이며, 1960년대에는 7,900여 명이었으나 1980년대에는 절반 이하로 줄었다.

섬 전체는 70여 년간 구리 제련소로 사용되다가 쇠퇴하여 폐허로 변했다. 그러나 이 지역 출신 억만장자 미야케 치카즈쿠(1909~1999)가 36년간 단체장을 맡아 막대한 돈을 투자하여 섬 전체를 미술관으로 꾸미고 세계적인 관광지로 변신시켰다. 그 결과 관광객 수는 인구의 100배 이상 되었다.

나오시마의 폐가는 미술작품을 개성에 맞춰 전시하는 하우스 뮤지엄 또는 갤러리로 운영되고 있다. 미야노우라항의 해변에는 쿠사마 야요이의 빨간 호박 작품이, 인근 해변에는 노란 호박 작품이 전시되어 있다.

미술관 중에는 저명한 건축가 안도 다다오의 건축 철학이 집약된 땅속 미술관이 있다. 2004년에 설립되었으며, 콘크리트, 철, 유리, 나무 등을 소재로 하여 설계되었다. 이곳에는 모네의 수련 작품을 포함한 다섯 점의 모네 작품이 전시되어 있다.

또한 월터 드 마리아의 2.2m 공과 금박을 입힌 27개의 목재 조각이 일출부터 일몰까지 빛에 따라 시시각각 변하는 작품으로 전시되어 있다. 제임스 터렐의 작품은 빛 그 자체를 작품으로 삼고 있으며, 이는 우리나라 강원도 원주의 '산' 미술관에 설치된 작품과 비슷한 분위기이다. 빛의 미학과 자연광을 조화시킨 작품이다.

혼슈의 오카야마 성은 구라시키에 있는 일본의 100대 성 중 하나이다. 이 성은 건축물이 검은색이라 까마귀 성이라고도 불린다. 성의 지하 1층에는 오카야마 성의 역사와 특성을 전시하고 있으며, 지상 6층의 건물에는 층마다 성격이 다른 전시물이 채워져 있다. 오카야마 성은 15세기~16세기에 무장 우키다 나오이에가 이 성의 전신을 입수하면서부터 오늘날과 같은 성으로 발전되었다.

이 성 옆에는 고라쿠엔 정원이 있는데, 에도 시대를 대표하는 정원으로 일본의 3대 정원 중 하나이며 300년의 역사를 지닌다. 넓은 잔디밭, 언덕, 인공의 산, 다리, 인공 숲, 인공 연못, 정자, 다실, 차밭, 불당, 산책로 등이 잘 구비되어 있어 일본 정원의 진수를 보는 듯하다. 그러나 자연미가 결여된 인공적 예술 정원이다.

구라시키 미관지구에는 여러 개의 미술관과 박물관이 있으며, 그 중 오하라 미술관은 많은 관광객이 찾는 곳이다. 1908년 서양화가 고지마 도라지로(1881~1929)가 유럽으로 외유를 나갈 때, 대기업을 운영하는 오하라 마고사부로(1880~1943)에게 미술 작품을 수집할 것을 제안하여 모네, 마티스 등의 작품들을 구입하고 자신의 작품을 전시할 미술관을 1930년에 설립하였다. 그 후 다양한 작품을 수집하여 오늘날과 같은 명성 있는 미술관이 되었다.

중국의 바다 자연

중국의 바다 자연

중국은 방대한 국토와 해안선을 가지고 있다. 해안선을 보면, 북위 40도 선 위쪽에 위치하는 발해만(渤海湾: 보하이만)이 최북단에 자리 잡고 있으며, 북한의 신의주와 중국의 단둥(丹東)시는 서해의 최북단에 위치한 해안 도시들이다.

중국의 동북쪽에 있는 랴오둥(遼東)반도는 남쪽을 향해 길게 뻗어 있으며, 서해 쪽으로 길게 돌출되어 있다. 이 반도는 상당히 크고, 서해를 거의 절반 정도 가로지르고 있다. 북쪽의 랴오둥반도와 남쪽의 산둥반도가 발해를 이루고 있다. 발해만은 수심이 얕고, 황허강의 하구에서 유입되는 막대한 양의 토사와 퇴적물이 쌓이며, 방대한 양의 담수가 해수의 염도를 희석하는 해역이다.

다른 한편으로, 중국의 대도시인 톈진과 베이징 지역의 공업단지에서 많은 양의 오염물질이 유입되고 있어 발해만의 해수는 전반적으로 오염이 심하다. 발해만의 해안선은 동쪽으로는 복잡하지만, 서쪽으로는 단조롭다.

산둥반도의 남쪽 해안선에 위치한 칭다오는 비교적 수질이 좋고 자연경관이 양호하다. 중국 대륙의 섬 중 가장 큰 섬은 타이완이고, 하이난도 그다음으로 크다. 타이완섬은 북위 22°~25°에 위치하여 아열대성 해양 기후를 지니고 있다. 반면, 하이난은 북위 20°선 이남에 위치하여 열대성 자연생태계를 가지고 있으며, 전형적인 해양성 기후를 나타낸다.

산둥반도에서 상하이까지는 해안선이 길지만 단조로운 편이다. 그러나 상하이를 중심으로 해안선은 기복이 심하고 매우 복잡하게 전개된다. 항저우만은 쑤저우(宿州)시와 항저우(杭州)시를 감싸고 있는데, 이들 도시는 저지대를 활용하여 물의 도시를 형성하고 있으며, 수상 교통망으로서 운하가 매우 발달해 있다.

동중국해(동지나해)

상하이에서 홍콩까지의 해안선은 매우 복잡하며, 타이완 해협이 중국과 타이완섬을 갈라놓고 있다. 중국에서는 둥하이(東海)라고 부르는 이곳은 해류가 강하게 흐르는 해역이다. 이 해안선은 모두 동중국해의 일부를 이루며, 다른 한 축은 우리나라의 서쪽 해안(서해)

과 제주도, 일본의 규슈섬과 오키나와섬을 연결하는 사쓰난 제도, 류큐 제도 및 센카쿠 열도 등이다. 제주도 해역과 양쯔강 하구역을 잇는 직선으로 서해와 구분된다. 이렇게 둘러싸인 바다 전체를 동중국해라고 부르며, 면적은 124만km²에 이르고 태평양의 일부로 내해를 형성하고 있다.

이 해역의 해저 지형은 동쪽의 난세이 제도를 따라 1,000m가 넘는 수심의 해분(海盆)이 형성되고 깊은 곳은 약 2,700m이지만, 중국 대륙 쪽으로는 60m~200m에 불과한 대륙붕이 펼쳐져 있어 어장을 이룬다.

겨울에는 북서 계절풍이 강하여 파도가 높게 일고, 남북의 해수 온도 차가 커서 북부는 10℃ 이하, 남부는 20℃의 수온을 보인다. 염분은 남부에서 34‰가 넘으나, 중부에서는 하천수의 유입으로 31‰~32‰ 정도이며, 양쯔강 하구에서는 우기의 염분이 20‰ 이하로 떨어진다. 해역 동쪽, 즉 난세이 제도에 가까운 대륙사면을 따라 구로시오 해류 일부가 북상하고, 중국 본토 연안을 따라 대하천의 하천수 유입으로 인한 연안류가 남하한다. 태평양에서 밀려드는 조석은 반일조(半日潮)가 현저하며, 중국 본토 쪽에서는 조차가 수 미터에 달할 정도로 크다.

동중국해는 북위 24°~30° 사이에 있으며, 길이가 약 1,300km에 달한다. 북서쪽으로 흐르는 구로시오 해류의 영향을 받아 남북의 차이가 크지만, 전체적으로는 아열대 기후에 속한다. 이곳은 태풍의 통과 지역에 위치하여 거의 매년 피해가 발생한다.

남중국해(남지나해).

중국과 접하고 있는 태평양의 일부분으로, 홍콩·마카오 해역을 기점으로 하이난섬을 포함하는 베트남의 긴 해안선과 캄보디아, 태국, 말레이시아, 싱가포르, 인도네시아, 브루나이, 필리핀 등으로 둘러싸여 태평양의 내해를 이루는 바다를 남중국해라고 한다. 남중국해는 동중국해보다 세 배 큰 면적을 가지고 있으며, 매우 복잡한 해안선과 세계적으로 많은 섬들이 산재한 해역이다. 이곳의 해안선은 리아스식 해안을 이루는 곳도 있고, 섬들로 아기자기하게 둘러싸인 곳도 있다. 남북 길이가 약 2,900km, 동서 길이가 약 950km이다. 다시 말하면, 남서쪽으로는 말레이반도와 동남아시아, 북동쪽으로 타이완, 동쪽으로는 필리핀, 남쪽으로 보르네오섬에 둘러싸여 있다. 중국에서는 이 바다를 남해(南海)라고 한다. 총면적은 3,400,000km^{2}에 이른다.

수심 4,000m 이상이며, 최대 수심은 루손섬의 북서쪽에서 5,420m에 이른다. 바다의 북단은 타이완 해협을 통해 동중국해와 연결되며, 중국 본토의 연해(沿海)에는 타이완섬과 하이난섬 외에 많은 도서가 있다. 또한 광둥성(廣東省)에 속하는 둥사(東沙), 시사(西沙), 중사(中沙), 난사(南沙) 등 네 개의 군도(群島)가 산재해 있다.

하이난섬의 바다와 자연

중국의 하이난섬은 중국의 최남단에 위치하며 크기는 35,600km²로 타이완섬과 거의 비슷하다. 이 섬은 아열대에 위치해 연평균 기온이 23℃~25℃ 정도이며, 위도상으로 대략 북위 18°~20° 사이에 있다. 가장 큰 도시는 북단에 있는 하이커우(海口)시이며, 최남단의 큰 도시는 싼야(三亚)시이다. 하이커우시는 광둥성(廣東省)과 충저우해협(琼州海峽)을 사이에 두고 인접해 있으며, 이 섬의 인구는 약 700만 명이다.

하이난섬을 비롯해 동사 군도, 서사 군도, 중사 군도, 남사 군도 등 방대한 인근 해역에 분포된 수많은 작은 섬들이 모두 하이난성(海南省)을 이룬다. 그리고 하이난성의 해역을 남해(南海) 또는 남중국해(南中國海)라고 하며, 실제로는 태평양의 일부다. 하이난섬의 동쪽으로는 필리핀과 이웃해 있으며, 서쪽으로는 베트남 연안과 이웃해 있다.

하이난섬은 기후적으로 하와이와 비슷해 '동양의 하와이'라는 별칭을 가지고 있으며, 관광단지로 개발되어 많은 관광객을 유치하고 있다. 내륙에는 울창한 숲과 열대 식물원, 65℃의 온천 단지가 있으며, 다양한 해양 스포츠와 골프 관광이 주요 관광 자원이다.

싼야시의 해변에서 관찰된 바다의 특성은 다음과 같다. 이 해역의 수온은 더운 여름철로 향해 가는 봄철(5월 20일경)의 수온임을 고려할 때 이미 27℃에 이르는 따뜻한 열대성 수온이었다. 해안으로부

아열대에 위치한 중국 하이난성의 바닷가

터 5km~6km 정도 떨어진 해수면은 녹색으로 맑고 깨끗하며, 그 이상 멀리 떨어진 바닷물은 원양성의 청색으로 깊은 심해성을 나타내고 있다. 해안 수역에서 감지되는 미세조류(Microflora)의 번식은 매우 활발해 소규모의 물꽃(Waterbloom)이 형성되고 있었다.

해변의 모래사장은 패류, 주로 백합조개류와 굴 껍데기의 잔해로 이루어져 있으며, 해변에 노출된 해조류(Macroalgae)는 매우 빈약하다. 해변 가까운 해역에는 해조류 군락이 없다는 증거다. 강한 해류로 인해 바다 저층의 모래사장이 생성과 소멸을 거듭해 해조류 포자가 착근하기 어려운 환경으로 보인다. 다시 말해, 파도가 세차고, 해류의 움직임도 적지 않다.

이곳에서 관찰되는 어류로는 참치, 삼치, 갈치, 방어, 붕장어, 도미류, 망상어류, 상어류, 쥐치류, 병어류, 메기류, 곰치류 등이 있으며, 새우류, 굴, 오징어, 꼴뚜기, 꽃게류, 바닷가재류 등도 수산시장에서 많이 관찰된다. 조개류로는 백합, 뿔조개, 바지락, 꼬막, 새조개, 코끼리조개 등이 있다. 이 밖에도 수족관에서 볼 수 있는 어류 중 화려한 색깔과 특이한 형태를 지닌 종들이 많은데, 산호초에서 서식하는 어종으로 보인다. 즉, 이곳의 바다는 산호초 생태계를 이루고 있다.

이곳의 해안에서도 수산 양식이 이루어지고 있으나, 시설이 미비하고 활발하지 못하다. 중국의 수산 양식에서는 새우, 진주, 패류, 고급 어류 양식 등을 국가적으로 진흥시키고 있다. 하지만 새우 양식의 경우, 연작에 따른 질병으로 막대한 손실이 발생해 질병 퇴치와 예방에 총력을 다하고 있다.

중국 대륙의 저지대 : 상하이, 항저우, 쑤저우의 수계(水系)자연

상하이(上海)시는 장쑤성(江蘇省)과 저장성(浙江省) 사이에 위치하며, 외해(open Sea)에 직접 면하고 있다. 상하이시는 위로는 세계적인 대하 양쯔강의 하구역에 위치하며 아래로 첸탄강 하구에 있는 항저우만에 접해 있다. 다시 말해, 상하이는 서해의 한쪽 하단에 자리 잡고 있고, 태평양과 직결되어 있으며, 반도적 성격을 지닌 해안 도시로서 해양학적 영향을 깊이 받고 있다.

상하이와 인접한 쑤저우(蘇州)와 항저우(杭州)는 중국의 대표적인 저지대로, 운하가 발달해 있다. 이곳은 양쯔강 하구역의 특성을 지니고 있으며, 아열대성 기후와 많은 강우량으로 인해 수목이 매우 풍부하고 무성하다.

항저우만은 중국에서 외해와 직접 접하는 가장 큰 만이다. 이 만은 상하이, 절강성, 쑤저우로 둘러싸여 있으며, 동시에 첸탄강의 하구이기도 하다. 이곳은 8월 15일경, 하구의 넓은 곳에서는 바닷물이 3m~4m 높이로 밀려들지만, 강의 좁은 입구에서는 수위가

항저우만을 잇는 다리

7m~8m, 때로는 16m~18m까지 높아져 이 지역을 범람하게 한다. 매년 범람 피해를 보는 이곳 사람들은 종교의 힘을 빌려 이를 방비하려고 했다. 육화탑, 즉 천·지·동·서·남·북의 여섯 가지 방향이 화합함으로써 심각한 자연재해를 막고자 했다.

발해와 황허항의 자연

발해는 수심이 얕은 천해로서 중국의 동북쪽에 있는 랴오닝(遼寧)성, 허베이(河北)성, 톈진(天津)시, 산둥(山東)성으로 둘러싸인 내해이다. 이 내해는 발해만과 랴오둥만으로 이루어져 있으며, 우리나라의 서해와 직결된다. 수역의 면적상 북위 38° 이상의 서해와 거의 비슷하다. 발해에는 세계적인 대하인 황허강의 하구가 위치해 있어 토사와 담수의 방대한 유입으로 막대한 영향을 받는다.

황허강 일대의 해안은 방대한 갯벌로 이루어져 있다. 육상에는 넓은 염전이 펼쳐져 있고, 바다 쪽으로는 지평선 멀리까지 갯벌의 평원이 이어진다. 오랜 세월 황허강의 상류와 중류로부터 운반되는 황토에 의해 막대한 양의 토사가 퇴적되어 형성된 해안으로, 독특한 지질학적, 생물학적 의의를 지닌다.

이곳의 갯벌은 검은색이 밴 회색의 점토성 진흙으로 이루어져 있어 일반적인 해양 경관과 매우 다르며, 진창을 이루고 있으며 색깔은 볼썽사납다. 해암이나 돌이 거의 없고, 간혹 보이는 작은 돌에는 굴 껍데기가 많이 붙어 있어 굴의 서식 환경이 좋다. 갯벌에는 수많은 작은 구멍들이 있어서 작은 게 종류의 서식이 왕성하다.

이곳은 장강 대하로부터 오랜 세월 동안 퇴적된 담수 생물의 지층으로 이루어져 있어, 해양 미생물의 독특한 서식처로 여겨진다. 다시 말해 해양 미생물 자원의 보고라고 할 수 있다. 이러한 해양 환경은 우리나라 서해안의 갯벌 자연과도 유사하며, 천해 지역 미생물 생태계의 전형을 이루고 있다.

장자제(張家界)는 중국 내륙에 위치한 국가 산림공원으로, 자연 지리적으로 절경을 이루는 산악 중의 하나다. 유네스코는 1992년에 장자제를 세계자연유산으로 지정했다. 장자제의 전체 면적은 9,563km²이며, 아름답고 신비한 중심 부분인 무릉원의 면적은 264km²다. 산봉우리는 모두 3,103개이고, 1,000m 이상의 봉우리는 2천여 개다. 최고봉의 높이는 1,334m로, 이들은 모두 암석으로 이루어진 돌산이며, 산림 점유율은 27.7%이다. 장자제는 바다에서 멀리 떨어져 있어 바다 냄새라고는 전혀 없는 산악지대이다.

장자제는 대략 3억8천만 년 전에 바다가 융기하여 생성된 지역으로, 산의 토양에는 칼슘과 석영이 많다. 바다에서 서식하던 해양 생물의 화석을 통해 이곳이 한때 바닷속의 자연이었다는 것을 확인할 수 있다. 장자제는 유구한 세월의 흐름과 지질학적 역사가 얼마나 절묘하게 자연을 변모시켰는지를 보여주는 곳이다.

따라서 이곳의 기암절벽 바위는 태고의 해양 산악이었고, 해양 생물이 서식하던 해양 환경이었다. 그 자연이 현재 육상의 자연으로 적나라하게 나타나 있으며, 그 아름다움과 심오함, 절묘함에 감탄과 놀라움을 금할 수 없다. 현대 과학으로도 이러한 시공간적 변천에 대해 자세히 해명하기는 어렵다.

장자제는 국가 산림공원으로 지정되어 관리되는 곳이다. 연중 강우량은 1,200mm~1,600mm이며, 비가 내리는 날은 약 140일 정도다. 연평균 기온은 12.8℃이며, 겨울의 최저 온도는 1℃, 여름의 최고 온도는 40℃ 미만이다. 위도상으로는 대략 북위 29°, 동경 110°로 준아열대지역에 속한다. 이로 인해 초목이 사철 푸르다.

장자제 일대의 식생은 대략 다음과 같다. 경관적으로 대나무류가

장자제의 기암절벽

무성하며, 소나무류도 몇 종 관찰된다. 사이프러스류가 비교적 우점 종이다. 활엽수로서는 동백나무류와 장수(樟樹)가 많으며, 고사리류는 나무의 저층에 다량 자생하고 있다. 초본류로는 쑥, 질경이, 억새, 갈대, 부들 등이 자생한다. 장자제 공원에는 2천여 종류의 식물이 자생하며, 30여 종의 진귀한 야생 동물이 서식하고 있어 생물학적으로 중요한 의의를 지닌다.

자연경관으로 보면 이곳의 산세는 아주 기기묘묘하다. 높이가 수백 미터에서 천 미터에 이르는 기암절벽의 바위 봉우리들이 높은 굴뚝처럼 수없이 진열되어 있다. 마치 창조주가 조각품을 만들어 놓은 듯한 절경을 이룬다. 바위 봉우리들은 장구한 세월 동안 풍화 작용으로 인해 흙이 조금씩 형성되었고, 그 흙 속에 소나무 씨앗이 싹 터서 바위 틈새에서 낙락장송이 되기도 한다. 바위 자체가 옹색한 화분이 되어 그 속에서 자란 소나무 분재는 천고의 세월을 견디며 아름다운 자태를 드러낸다. 소나무 군락이 형성되어 식생 경관이 바위와 함께 절경을 이룬다.

베트남의 바다

냐짱의 바다와 해양박물관

　냐짱은 베트남의 중남부에 있는 해양 도시로, 인구는 약 45만 명이다. 남중국해의 아열대지역에 위치해 바다의 강력한 기후적 영향을 받고 있다. 냐짱은 호찌민에서 북동쪽으로 450km 떨어져 있으며, 달랏과 인접해 있다.

　냐짱에는 베트남에서 가장 아름다운 해수욕장이 있다. 이곳은 산호초 해안으로, 오랜 세월 파도와 풍화 작용으로 고운 모래사장을 형성했다. 바닷물 속에는 산호초가 왕성하게 자생하며, 6km의 산호초 연안을 따라 펼쳐져 있다. 이 아열대 해역의 따뜻한 바닷물은 맑고 깨끗하며, 모래사장은 환상적으로 아름다워 최상의 해수욕장을 이루고 있다.

바다 너머에서 바라본 냐짱 시가지의 모습

이 도시에는 100년 이상의 역사를 지닌 해양박물관(Museum of Oceanography)이 있다. 외형적으로는 베트남에서 유일한 해양 연구소(Oceanographic Institute)와 해양수족관(Tri Nguyan Fish Aquarium)이다. 박물관에는 많은 해양 생물 표본이 있으며, 오랜 세월 동안 만들어진 표본으로 보인다. 생물 계통수에 따라 분류 정리가 되어 있어 종의 다양성도 크다. 남중국해의 열대·아열대 해역의 해양 생물 표본이 많다.

해양수족관도 규모가 작지 않다. 한쪽 건물은 재정비 중이며, 일반 전시장에 있는 수족관은 대부분 작은 열대 어종이 산호초 사이에서 유영하는 모습이다. 상어 같은 대형 어종은 표본으로 박제되어 있다. 전시물은 몇 종류에 불과하여 빈약하지만, 이곳은 오키나와나 싱가포르의 해양 수족관처럼 입지 조건이 좋은 해양 환경을 가지고 있다.

사회주의 체제에서는 자연과학, 특히 해양과학의 발달이 어려울 수 있다. 베트남도 좋은 바다 자연을 지니고 있으나, 쿠바나 미얀마와 마찬가지로 낙후되어 있다. 해양 연구에 필요한 인프라가 구축되지 않으면 경쟁에서 뒤처질 수밖에 없다.

베트남 사람들은 우리나라 사람들과 닮은 점이 많다. 외형적으로 비슷할 뿐만 아니라, 생활 속에 배어있는 인간관계의 예의범절이나 생활 규범이 유사하게 보이며, 인성이 부드럽고 부지런한 민족으로 보인다.

자수 박물관에서 본 베트남 여성들은 한국의 여성들과 비슷해 보인다. 수를 놓는 손놀림으로부터 만들어진 작품에 이르기까지 정서와 정감이 매우 비슷하다. 병풍 같은 대작을 보면, 한없이 많은 바느질의 손길이 최상의 장인(마이스터)임을 확인시켜 준다. 정교하고 섬세한 손길에 감동하지 않을 수 없다.

필자는 세계 각 지역의 해양 생물에 관심을 가지고 조사하고 있는데 이곳에서는 아무런 책자나 논문, 또는 문건조차도 볼 수 없었다. 학문적으로 불통의 세상이다. 세계는 빠르게 발전하고 있는데 민족주의를 내세워 과학 기술을 뒤처지게 만들고 있다.

필리핀의 바다 자연

필리핀의 자연

필리핀은 동남아시아의 열대 해역에 있는 국가로 7,641개의 섬으로 이루어져 있다. 이 때문에 태평양의 물리적 영향, 파도, 바람, 해일 등에 큰 영향을 받는다. 필리핀은 북부의 루손섬, 중부는 세부 해역, 남부는 민다나오섬으로 구획하고 있다. 이 나라는 환태평양 지진대와 화산대의 한 고리를 이루고 있다.

필리핀은 7,641개의 크고 작은 섬으로 이루어져 있다. 이 섬들의 총면적은 약 30만km²로 남한 면적의 3배가 넘는다. 북부 지역의 루손섬 하나만 해도 104,700km²로서 남한 면적을 능가하며, 남부 지역의 민다나오섬도 약 10만km²로 남한 면적과 거의 동일하다. 인구는 약 1억 1천 4백만 명이지만, 사람이 사는 섬은 880개 정도에 불과하다.

중부 지역은 세부 해역을 중심으로 많은 섬들이 모여 있다. 세부 섬은 양옆의 섬들이 방파제를 이루어 그 안의 해역은 대단히 평온하고 화산과 지진이 거의 없다. 또한 이 지역은 태풍과 해일에서 비교적 안전한 곳으로, 태풍의 중심 해역이면서도 피해가 적다. 다시 말해, 주위의 섬들로 둘러싸여 호수와 같은 환경을 이루는 해양 생태계를 형성하고 있다.

필리핀의 서쪽으로는 거리상 약간 떨어져 있지만, 미크로네시아 군도의 사이판, 괌, 팔라우섬이 있다. 남쪽으로는 술루해가 있으며, 말레이시아의 코타키나발루와는 국경을 이루고 있다.

필리핀해의 가장자리에 지구에서 가장 깊은 마리아나 해구가 있다. 마리아나 해구는 깊이가 11,034m에 이른다. 수직적으로 해양 생태학의 물 덩어리를 다양하게 지니고 있다. 이 물 덩어리는 수심에 따라 생물 환경이 아주 달라지기 때문에 각기 다른 해양 생태계를 형성한다.

세부섬

세부섬은 남북으로 다소 기울어진 긴 바게트 빵 모양으로, 길이는 약 300km에 달하며 동서의 폭은 수십 킬로미터로 상당히 좁다. 이 섬의 양쪽에는 크고 작은 섬들이 방파제 역할을 하고 있다.

세부 연안에는 조간대가 거의 없으며, 모래사장이 없어 산호초나

세부 오슬롭 해변의 고래상어

해조류의 잔해를 찾아보기 힘들다. 다시 말해, 해조류의 서식대가 없으며 해수욕장도 없다. 그러나 천혜의 해양 환경을 활용해 다양한 해양 스포츠가 성행하고 있다.

세부 해역의 해양 생태계를 단편적으로 살펴보면, 수심 5m~6m에서 볼 수 있는 열대 어류는 아주 빈약한 편이다. 일반적으로 열대 수역에서는 색채를 지닌 도미류가 떼를 이루어 자생하는 것이 보통이다. 여기에서 멀지 않은 코타키나발루 해역에서는 이와 다르게 풍부하게 관찰된다.

세부에서 남쪽으로 약 140km 떨어진 오슬롭(Oslob) 해역은 고래상어의 자생지이다. 연안에서 400m~500m 정도 떨어진 곳에 베이스캠프 같은 모선을 두고, 스킨스쿠버로 고래상어의 회유를 보거나 접할 수 있다.

고래상어는 몸길이가 15m에 이르지만, 현지에서 관찰되는 고래상어의 길이는 5m~6m 정도의 것들이다. 고래상어를 유인하는 쪽배에서는 먹이를 수족관의 물고기에 주듯 던져주며 고래상어를 이리저리 몰고 다닌다. 고래상어는 그것을 받아먹으려고 수 표면에서 입을 벌리고 따라다닌다.

고래와 상어는 근본적으로 다르다. 고래는 젖먹이동물에 해당하는 포유동물이고, 상어는 어류로서 알로 번식한다. 고래상어는 크기가 고래처럼 거대하고 성격이 유순하므로 '고래'라는 이름이 붙은 것이다. 상어는 종류가 다양하여 300여 종이 서식하며, 그중에는 대단히 포악한 육식성 상어도 있다.

세부섬의 서중부 해역은 세부섬과 네그로스오리엔탈섬으로 둘러싸인 좁은 해협으로, 솔로해의 내해로서 큰 바다의 물결이나 파도에서 벗어난 잔잔한 해역이다. 세부섬 남쪽에는 술라웨시해가 있으며 서쪽으로는 술루해가 자리 잡고 있다.

수백 년 된 거북이 연안 수역에서 어슬렁거리는 모습을 볼 수 있는데, 이는 이 지역이 자생지임을 보여준다. 수심 3m~4m에서 커다란 거북이가 비교적 민첩하게 유영하는 것을 관찰할 수 있다. 또한 연안에서 다소 떨어진 깊은 수심에서는 대단위의 정어리 떼가 회유하고 있다.

세부섬의 연안은 수온이 23℃~24℃ 정도인 산호초는 거의 관찰되지 않는다. 간만의 차이가 없어 조간대가 형성되지 않고, 맹그로브 숲이나 해조류의 서식지도 찾아보기 어렵다.

마젤란과 필리핀

마젤란(Miguel de Cervantes)은 세계 일주를 한 바다의 선각자로 잘 알려져 있다. 그는 스페인 왕실의 후원을 받아 1521년에 세계 일주를 시도하던 중 필리핀의 세부에서 원주민과 싸워 살해되었다. 이 사건을 계기로 필리핀이 유럽에 알려지게 되었고, 스페인은 필리핀을 정복하여 지배하게 되었다.

원주민은 17세기 초부터 저항을 시작했고, 여러 차례 스페인과의 전쟁에서 패배했다. 1898년 9월 12일, 원주민 지도부인 카티푸난은 필리핀 공화국을 선포했지만, 스페인의 지배권이 미국으로 넘어가면서 식민지 지배는 계속되었다. 필리핀은 결국 1946년에야 미국으로부터 독립을 했다.

오슬롭의 고래상어

오슬롭, 이 동네의 사람들은
마치 말 타고 들놀이를 하듯이
조그만 배를 타고
고래상어를 데리고 논다.

고래상어는 코딱지만 한
떡밥을 받아먹으려고
엄청나게 커다란 몸체를 뒤틀며
고개를 들어 받아먹는데
등짝이 넓은 바윗돌 같다.

이것을 보려고 뭇 사람들은
비싼 달러 돈을 가지고 몰려든다.
첫새벽에 두세 시간의 험로를 달리니
덜컹거린 숫자가 만보기로 3만이 넘는다.

바다의 일출을 늘어지게 보고도
두어 시간이나 기다려서
잠수복을 입고 물속에 코를 박으니
고래상어도 오락가락 놀자고 하는 듯.

말레이시아, 코타키나발루의 자연

코타키나발루 연안에 있는 툰쿠 압둘라만 국립해양공원(Tunku Abdul Rahman Marine Park)은 가야섬(Gaya Island), 마무틱섬(Mamutik Island), 마누칸섬(Manukan Island) 등 크고 작은 섬들이 산재해 있어 아름다운 해양 생태계를 이루고 있다. 이 해역에는 해양 조사선이 정박해 해양 조사를 진행하고 있다.

이곳의 수온은 열대 수역으로 따뜻하다. 해류, 태풍, 계절풍, 일조량 등의 큰 변화가 없는 한 거의 일정한 수온을 유지하는 해역이다. 전반적으로 청정 해역을 이루고 있어서 바닷물이 맑고 투명하다. 연안 수역은 다소 탁하고 부유물질이 있지만, 잠수 시 시야를 방해하지 않는다.

해변은 산호초가 작게 부서져 형성된 모래사장으로, 연안의 물색은 비취색을 띠지만, 다소 떨어진 수역은 수심이 깊어지면서 청색을 띠기 시작한다. 원양으로 갈수록 짙은 청색을 띤 바다가 되며, 남중국해의 원양으로 갈수록 바닷물의 색깔이 짙어진다.

이곳은 열대 산호초 해역이다. 산호초의 왕성한 번식으로 얕은 바다를 이루며, 어류의 다양성이 매우 큰 해역이다. 실제로 열대 수역의 산호초는 수많은 어류가 서식하는 자연 어초의 어장이다. 산호초 해역은 대소의 어류가 집단 서식하는 물고기의 밀집 아파트와 같다. 우리나라에서는 인공 어초를 통해 어류 양식을 유도하지만, 이곳에서는 자연적으로 이루어지고 있다.

수중 생태계는 약육강식이 자행되는 곳으로, 작은 어류는 큰 어류의 먹이이지만 산호초 속에서는 쉽게 숨을 수 있다. 따라서 작은 물고기들이 대량 서식하는 한편, 큰 물고기들은 이들을 섭식하려고 몰려들어 먹이사슬을 형성한다. 이곳은 전형적인 산호초 어장이며, 수중 생태계의 해역이다.

산호초 섬들이 산재한 이곳에서는 해양 스포츠가 매우 활발하게 이루어지고 있다. 시 워킹(Sea Walking), 시 사이클링(Sea Cycling), 시 오토바잉(Sea Autobying), 스쿠바도(Scubado), 스킨스쿠버(Skin Scuba), 스노클링(Snorkeling) 등이 인기를 끌고 있다.

스쿠바도는 시 오토바이 같은 기구를 타고 머리에 둥근 플라스틱 산소통을 착용하고 잠수하는 활동이다. 스쿠버 장비가 산소를 통속으로 공급해 주며, 수심 5m 정도까지 서서히 이동하면서 다양한 어류와 산호초를 관찰할 수 있다. 헬멧 속으로 일정량의 산소가 끊임없이 공급되어 잠수 활동에 지장이 없다. 그러나 수압이 다소 높아져 귀를 압박할 수 있는데, 이때 입으로 숨을 들이쉬고 입과 코를 막고 숨을 내쉬면 해소된다. 연안에서 70m 정도는 수심 대략 5m 정도다.

산호초 어류로는 줄돔, 돌돔, 흑돔 등의 여러 가지 개체를 관찰할 수 있다. 먹이를 손에 쥐고 있으면 수많은 어류가 모여든다. 개체수가 매우 많고 크고 작은 것들이 혼재되어 있다. 패각에 말미잘을 붙여놓고 그 위에 주황색 줄무늬의 니모를 얹어 놓으면 다양한 어류의 움직임을 세세히 관찰할 수 있다. 다양한 어류는 대단히 다이내믹하게 움직이며 먹이를 섭취한다. 또한 주변에는 커다란 어류들이 유유자적하게 유영하고 있다.

코타키나발루의 일몰 장면

코타키나발루의 자연

동남아의 코딱지만 한 작은 바닷가
푸른 바다, 맑은 하늘, 고산, 구름, 원시림
다양한 자연이 어울린 강, 바다, 산의 고장.

바닷가에 우뚝 서 있는 키나발루산
산허리는 신부가 드레스를 입은 듯
순백의 흰 구름이 둘러싸고 있고
산기슭은 열대의 강우림이 어우러졌다.
나무 둥치마다 열대 난의 화분이다.

자연이 왕성하게 숨을 쉬는
바다에는 산호초가 현란하게 자라고
그 속에 형형색색의 열대어가 놀고 있다.

클리아스강의 양안은 밀림의 늪지대
밤에 조그만 배를 타고 지나가자면
어느 지점의 수목에서는 반딧불이가
수많은 꼬마전등을 가지고 번쩍거린다.

아름다운 석양, 천태만상의 구름,
찰랑거리는 파도, 짭조름한 바다 냄새,
열대 자연이 펼치는 조화의 세상이다.

인도네시아, 발리섬의 바다 자연

인도네시아와 발리섬

인도네시아는 약 13,700개의 섬을 지닌 섬나라로 면적은 1,905,000km²이다. 수도는 자카르타이며, 인구는 약 2억 7,380만 명(2021년 기준)으로 인구밀도가 높고 해양 환경이 다양하다. 이 나라는 남북으로 약 1,900km, 동서로 약 5,100km에 걸친 방대한 해역을 지니고 있다. 약 300여 개의 종족과 250여 개의 언어가 존재하며 '불의 고리'에 속해 있어 화산과 지진이 자주 발생한다.

발리섬은 열대 해양에 있는 섬으로, 기압의 변화가 빈번하게 일어나고 뜨거운 열대의 태양광선은 바닷물을 증발시켜 수증기 구름을 만들어낸다. 하루에 한 번씩 스콜이라 부르는 소나기가 내리는데, 때로는 하늘에서 샤워기를 틀어 놓은 것처럼 엄청난 양의 비가 쏟아지기도 한다. 인도네시아의 우기는 10월에서 3월까지이며, 발리의 우기는 1월에서 3월까지이다.

발리섬 주변에는 여러 개의 섬이 산재해 있으며, 해양 스포츠 단지로 조성되어 있다. 발리섬의 최남단 반도에는 국제공항이 자리 잡고 있으며, 반도의 서쪽에는 인도양과 접하는 큰 만이 있고, 동쪽의 베노아만(Benoa Bay)에는 스랑안섬(Serangan Island)과 베노아항이 있다.

스랑안섬은 거북섬으로 불리며, 이 해역에 자생하는 거북을 수조에 넣어 관광객들에게 보여준다. 이곳의 바다에서는 수많은 작은 모터보트들이 관광객을 태우고 질주하는 모습을 볼 수 있으며, 모터보트에 매달린 열기구가 하늘을 나는 장면도 볼 수 있다.

발리섬의 어족

누사페니다섬(Nusa Penida Island)은 발리섬에서 크루즈를 타고 약 1시간 10분 거리에 있다. 서북쪽으로는 렘봉안섬(Lembongan Island) 등 작은 섬들이 있으며, 이 해역에는 해류가 거세게 흐르고 있다. 발리섬과 누사페니다섬 사이의 해역은 해상 스포츠 단지로 활용되고 있

스랑안섬의 거북

으며, 누사페니다 크루즈는 약 300명의 관광객을 태운다.

이 해역에서는 반잠수함을 타고 수중 생태계를 관찰할 수 있다. 반잠수함은 잠수 구조를 가지며, 배의 저변에 창을 통해 수심 5m~10m 사이의 바닷속을 관찰할 수 있다. 이곳에서 왕성하게 자라는 산호초와 다양한 어류를 볼 수 있으며, 인공 어초가 투하된 생태계도 관찰할 수 있다.

반잠수함의 창을 통해 몸집이 큰 참치류와 방어류를 관찰할 수 있는데, 때로는 이들에게 먹이를 주어 회유 행동을 유도하기도 한다. 이러한 인위적 먹이 공급은 바다 목장의 기능을 한다. 수중 시야는 다소 탁한 푸른색을 띠지만, 투명도는 상당히 높아 맑고 깨끗한 바다로 분류할 수 있다. 이곳에는 흑돔, 줄돔, 자리돔, 다금바리 등이 서식하며, 산호초로는 회색 또는 흰색의 산호초가 무성하게 자란다.

이곳의 해수 온도는 27℃로 해수욕에 적합한 수온이다. 그러나 연안류가 강하고 파도가 높다. 예를 들어, 바나나보트가 해류에 맞서 역주행할 때는 거센 물살로 물보라가 많이 생긴다.

산호초가 왕성하게 자라는 해역에서는 일반적으로 해양 단구가 발달해 있어 원양에서 밀려오는 물 덩어리를 막아 주고 파도의 위력을 소멸시켜 모래사장까지 물이 도달하지만, 발리섬의 해안 단구는 연안에서 다소 멀어 몰디브나 괌의 해안에 비해 거친 바다로 분류된다. 다시 말해, 연안에 근접한 단구가 없어 연속되는 파도가 거칠고 강하게 모래사장까지 도달하기 때문에 바다 수영이 다소 어려울 수 있다.

빠당빠당 비치(Padang Padang Beach)는 발리섬 최남단의 인도양 쪽의 울루와뚜(Ulu Watu) 지역의 인근에 있는 아름답고 조그만 해수욕장이다. 산호초로 이루어진 모래사장이 특징이며, 거친 파도가 밀려와 서핑 같은 해양 스포츠를 즐기기에 좋다. 해안에서 떨어져 나온 절벽이 이곳의 명물인데, 그 사이로 파도가 치면 하얀 물거품이 높게 일어나 절경을 이룬다.

해안가 벼랑길을 걸으면서 푸른 바다와 열대 수목을 접하면, 해양 환경의 절경을 느낄 수 있다. 줄리아 로버츠의 〈먹고 기도하고 사랑하라〉와 SBS의 〈발리에서 생긴 일〉이라는 드라마가 이곳에서 촬영되어 발리섬이 널리 알려지게 되었다.

짐보란 비치(Jimboran Beach) 해안은 빠당빠당 비치와 같은 해안선에 위치해 있으며, 넓은 모래사장이 펼쳐진 해수욕장이다. 특히 일몰의 석양 경관이 아름다워 유명한 곳이다. 붉게 타오르는 태양이 바닷속으로 넘어가면서 천태만상의 구름 조화와 철썩거리는 바닷물이 장관을 이룬다.

인도네시아에서 특히 발리섬은 각종 신들의 고향으로 여겨진다. 물, 불, 바람, 나무, 바위 등 많은 사물을 신으로 섬기는 잡신의 세계로, 이는 힌두교의 영향으로 보인다. 예를 들어 바다와 밀접한 물은 백조를 상징하며 숭배되고, 바닷바람의 신은 소로 상징된다. 뜨거운 태양의 환경에서 불의 신은 독수리로 상징되며, 이 나라의 국조가 독수리다.

발리에서는 종교의 색채가 매우 강하게 나타나지만, 실제로는 인구의 90%가 힌두교를 믿는다. 그러나 누사두아에 위치한 뿌자만달라에는 힌두교 사찰, 불교 사찰, 기독교 교회당, 천주교 성당, 이슬람 사원이 나란히 건축되어 있다. 이 종교 건축물들은 교세와 상관없이 비슷한 규모로 지어졌다.

발리섬은 소순다 열도에 속한 섬으로, 수도가 있는 자와섬과는 바다로 3.2km 떨어져 있다. 이 섬의 주도는 덴파사르로 "덴"은 북쪽을, "파사르"는 시장을 뜻한다. 발리섬 전체의 인구는 약 440만 명이다.

발리섬은 세계적인 휴양 도시로, 천혜의 바다 환경을 자랑한다. 사철 따뜻한 바닷물에서 해수욕을 즐길 수 있는 곳이다. 인천 공항에서 발리 국제공항(응우라라이)까지는 약 5,500km 거리이며, 비행시간은 6시간 반이다.

제주도도 발리섬과 비슷한 시기에 관광 도시로 성장하여 발전을 이루었지만, 사계절이 뚜렷한 제주도는 해수의 온도와 자연환경이 발리와는 다르며, 문화적 격조와 생활 양식에 차이가 있다. 제주도의 면적은 1,847km²로서 발리섬의 3분의 1에 불과하지만, 고급 휴양지로 자리잡았다.

발리의 화산

환태평양의 불의 고리
2017년 11월 26일, 발리의 대 분화
하늘 높이 불꽃의 용암을 토해내며
지구의 카타르시스가 벌어진다.

거대한 불꽃은 용이 여의주를 내뿜듯
화려하고 장엄한 불덩이 축제이다.

속 터지는 세상 모든 것을 갈아엎듯
지구의 새로운 지도를 만들고 있다.

지구의 가슴 속에
속 터지는 일이 있으면
차곡차곡 쌓아 두었다가
거대한 불덩이를 한탕 쏟아낸다.

간발의 차이로 비행기를 타고
구름 덮인 하늘을 난 것이
탈출이나 한 듯 마음 가볍다.

캄차카반도와 오호츠크해의 자연

캄차카반도의 자연

환태평양 지진대에서 활동 중인 활화산의 한 예로 캄차카반도가 있다. 이 반도는 대부분 북위 50° 이상에 위치하며 태평양의 물로 둘러싸여 있는 북극권의 한대지방의 생태환경이다. 주거 환경으로는 적절하지 않은 불모의 땅이지만, 활발한 지각운동을 하여 지구가 살아 있음을 보여준다. 또한 해양 생태학적으로 독특한 생태권을 형성하고 있다.

캄차카반도의 최남단에는 쿠릴 열도가 있으며, 일본의 홋카이도에 이르기까지 수많은 섬이 줄지어 있다. 쿠릴 열도의 외곽에는 심해가 형성되어 있으며, 이를 쿠릴 해구라고 부른다. 이 해구는 캄차카반도의 중간 부위부터 홋카이도에 이르기까지 길게 뻗어 있다. 쿠

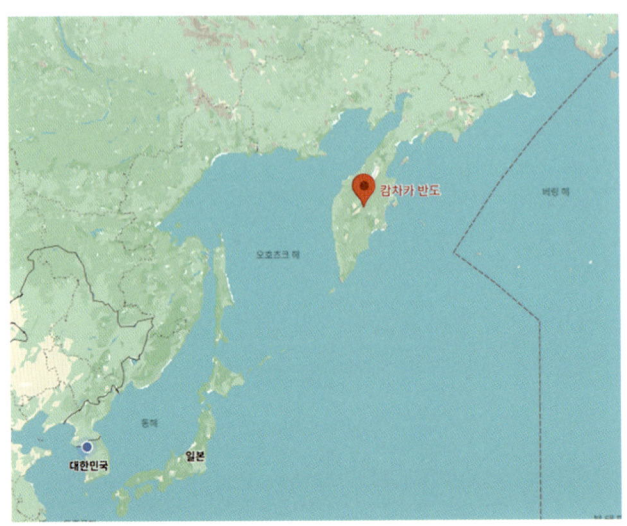

캄차카반도와 오호츠크해 지도

릴 열도 안쪽으로 형성된 바다는 오호츠크해로, 태평양의 서북쪽 가장자리에서 내해를 이루고 있다.

캄차카 해역은 북극에서 흘러내리는 냉수대 해역으로, 냉수성 어종인 연어의 서식처이다. 연어는 북극해의 청정한 빙하에서 해빙된 미량 원소들이 해수에 섞여 식물 플랑크톤의 발생을 촉진키는 계절에 이 해역으로 모인다. 이 미량 원소들은 식물 플랑크톤의 번성을 유도하며 물꽃(Water Bloom)을 이룬다. 이것은 먹이사슬의 저변을 이루며, 동물 플랑크톤의 번성을 유도하고 작은 어류의 먹이가 된다. 이는 어류를 모이게 하여 어장을 형성하는데, 특히 연어 서식이 두드러진 해역이다.

따라서 캄차카 해역에는 풍요로운 연어 어장이 형성되어 각종 연어 축제의 고장으로 자리 잡고 있다. 어획되는 연어는 10여 종 이상이며, 대게의 산지로도 알려져 있다.

오호츠크해의 자연

오호츠크해는 서태평양 연안에 있는 내해로, 면적은 1,583,000km²이고 평균 수심은 832m이다. 이 바다의 중앙부는 수심 1,000m~1,600m의 해양분지를 형성하고 있다.

이 바다는 냉수성 어족의 서식지로 명태, 대구, 청어, 연어, 갈치 등 어류가 대량으로 서식하고 있다. 또한 참고래, 흰고래, 북극고래 등의 고래류와 물개, 바다표범도 살고 있다.

오호츠크해의 얼어붙은 바다

지리적으로 오호츠크해는 러시아가 소유한 국토로 둘러싸여 있는 태평양의 내해이다. 서쪽으로는 캄차카반도가 있고, 북쪽으로는 시베리아 평원이 펼쳐지며, 남서쪽으로는 사할린섬과 일본의 홋카이도섬이 위치한다.

북극해에서 기원한 한류는 알래스카만을 통과해 알류샨 열도를 따라 내려와서 오호츠크해까지 도달하며, 이 해류는 홋카이도를 지나 동해와 연결된다. 이 해류를 동안 만류 또는 리만 한류라고 부르며, 동해에서 북상하는 난류와 만나 어족 자원이 풍부한 어장을 이룬다. 한때 등푸른생선인 청어가 기록적으로 어획되기도 했다. 또한 이런 냉수성 해수에서는 명태와 대개의 서식이 뛰어나다.

베링해와 알래스카

베링해

베링해는 러시아의 시베리아와 미국의 알래스카주 사이에 있는 태평양 최북단의 바다이다. 남쪽으로는 알래스카반도와 알류샨 열도로 둘러싸여 있으며, 북쪽으로는 베링 해협을 통해 북극해와 연결되어 있다. 베링해의 면적은 약 231만km²이다. 이 해역의 이름은 덴마크의 탐험가 비투스 요나센 베링(Vitus Jonassen Bering)이 이 지역을 탐험한 데서 유래되었다.

이 바다에는 킹크랩과 오필리아대게의 주요 산지로, 어업 시기는 매우 추운 겨울에 이루어진다. 이 시기는 악천후로 유명하며, 파도가 높고 눈보라가 몰아치는 극한의 한파가 이어진다. 이러한 환경에서 대게잡이가 이루어지며, 이곳에서 잡히는 대게는 명성이 높아 어

베링해의 일몰 모습

부들의 급여도 상당히 높다.

우리나라 동해에서도 대게가 잡히는데, 이는 베링해에서 몰려드는 한류 때문이다. 그러나 2021년과 2022년 사이 대게 생산량은 기후 영향으로, 특히 바다 수온의 상승으로 1,000만 마리 정도가 감소했다. 이는 어획 부진과 어장의 변화를 나타낸다. 수온 상승에 따른 먹이사슬 변화와 대구가 대게의 서식지를 잠식한 결과로, 대게 생산량이 대폭 줄어든 것이다.

이 지역의 기온은 9월 말부터 겨울이 시작되어 1월에는 바다가 얼어붙는다. 바닷물은 거의 얼지 않지만, 한파가 매우 심하면 얼어붙은 것이다.

미국, 태평양 해안의 자연과 문화

미국, 태평양 연안

미국이 접하고 있는 태평양 연안은 방대하며, 알래스카로부터 샌프란시스코, 산타크루즈, 로스앤젤레스를 거쳐 샌디에이고까지 이어진다. 이 북태평양 연안은 미국의 국력뿐 아니라 해양 자원의 요충지로도 중요한 위치를 차지하고 있다.

미국과 캐나다 국경선(북위 49°)에서 미국 서부 최남단 도시인 샌디에이고까지는 자동차로 약 2,240km에 이르며, 해안선의 길이는 이보다 훨씬 길다. 주요 도시들 사이의 거리를 간단히 살펴보면, 시애틀(Seattle)에서 샌프란시스코까지 1,296km, 샌프란시스코에서 로스앤젤레스까지 620km, 로스앤젤레스에서 샌디에이고까지는 불과 198km이다.

태평양과 샌프란시스코만을 정확히 가르는 금문교의 길이는 과학기술의 획기적인 전기를 마련했을 뿐만 아니라, 해양생태학적 또는 수문학적으로 다리 양쪽이 전혀 다른 두 개의 수계를 형성하는 중요한 의미를 지닌다.

이 해역의 자연경관과 해양학적 특징 중 하나는 금문교 다리 밑을 흐르는 해류의 유동이 매우 빠르다는 점이다. 태평양의 거대한 물 덩어리가 샌프란시스코만의 좁은 입구를 통해 내만에 갇힌 물 덩어리와 교류하면서 물살이 세고, 수문학적 교류가 매우 활발할 수밖에 없다. 이 해역은 위도가 그리 높지 않지만, 북쪽의 냉수성 연안류의 영향을 받아 수온이 낮으며 계절에 따라 약 7℃ 정도로 차갑다. 또한 만으로는 상당량의 담수가 유입되어 염도에 영향을 미치고, 영양염류의 유입으로 식물 플랑크톤이 번성하여 태평양 연안 생태계와는 다른 생태계를 이룬다.

샌프란시스코만 입구 해역의 해수는 청색을 띠며, 맑고 투명한 청정 수역을 이루고 있다. 이 해역에 먹이 생물인 어류가 풍부하여 물개의 서식이 많음을 확인할 수 있다. 항구의 한쪽 수역에는 매트리스형 뗏목 위에 수많은 물개(Harbor Seal)가 모여 있다. 이들의 쉼 없는 울음소리가 이채롭다.

샌프란시스코시는 미국 서부의 아름다운 대도시로 유명하지만, 금문교(Golden Gate Bridge)로 잘 알려진 도시이다. 이 다리는 조셉 스트라우스(Joseph Strauss)가 거미줄에서 영감을 받아 직경 5mm의

샌프란시스코의 골든게이트 해협을 가로지르는 금문교

강철사 27,572개를 꼬아 강력한 줄을 만들고, 만의 양쪽에 거대한 버팀 교각을 세운 뒤 그 줄에 다리를 걸쳐 놓은 것이다.

죠셉 스트라우스는 1933년부터 1936년까지 공사를 완성했으며, 다리의 안전성을 확인하기 위하여 1년 동안 실험 사용을 한 후 개통했다.

금문교보다 훨씬 긴 다리로는 리치몬드-샌 라파엘 다리(Richmond-San Rafael Bridge), 샌프란시스코-오클랜드 베이 다리(San Francisco-Oakland Bay Bridge), 산마테오 다리(San Mateo Bridge)가 샌프란시스코만의 양쪽 연안을 연결하고 있다. 이러한 다리들은 참으로 장대한 다리 문화를 보여준다.

몬터레이시의 바다

지리적으로 샌프란시스코에서 남쪽 해안에 있는 몬터레이만(Monterey Bay)은 남북으로 넓게 열려 있으며, 길이는 약 40km이다. 북단에는 산타크루즈(Santa Cruz)시, 남단에는 몬터레이시가 있다.

이 일대의 해안 경관은 해안림이 아름다움을 자랑하며, 해양 생물의 서식이 풍부하다. 해조류(Macroalgae)가 해변에 많이 쌓여 있고, 물개가 눈에 띄게 많다. 이 해역에는 많은 어류가 서식하고 있음을 시사한다. 고래의 서식처로도 유명하다.

몬터레이시의 유래를 살펴보면, 막강한 해군력을 보유한 스페인이 영국과의 해전에서 패망했을 때, 스페인의 배 한 척이 영국군을 피해 태평양을 항해하다가 도착한 곳이 몬터레이 해안이다. 선장은 친구 백작의 이름을 따서 도시 이름을 몬터레이로 명명했다. 그 이후 몬터레이는 스페인 땅으로 되었다가 다시 미국 땅으로 편입되었다. 몬터레이에서 캘리포니아주의 헌법이 만들어진 것도 이 도시의 중요성을 더해 준다. 몬터레이만을 끼고 발달한 몇몇 도시에는 해양박물관과 수족관을 갖추고 있으며, 해양 문화의 흔적이 일상화되어 있다.

오늘날에도 몬터레이 해역에는 풍부한 어족 자원이 서식하고 있으며, 물개와 고래도 서식하고 있다. 옛날에는 더욱 풍부했다고 한다. 그 당시 러시아인이 나타나 고래잡이와 어로 행위를 시작하자, 스페인은 많은 사람을 이곳으로 이주시켜 어업에 종사하게 했다. 이

몬터레이 수족관의 정어리 떼

이주민들이 몬터레이시를 건설하는 주역이 된 것이다.

당시, 이 해역에서는 고래잡이가 성행했으며, 막대한 양의 정어리가 어획되어 정어리 산업이 발달했다. 어부들은 흥청거렸고, 낭만적인 분위기로 술집은 번성했다. 재미있는 점은 어부들 사이에서 인기 있던 술집 여인들의 이름이 거리 이름으로 명명되어 오늘날의 거리 이름으로 남아 있다는 점이다.

세븐틴마일즈의 바다

몬터레이시 남쪽에 위치하는 고유지명인 세븐틴마일즈(Seventeen miles)는 뛰어나게 아름다운 해안 경관을 지니고 있다. 있는 그대로의 자연이 보전되어 있으며, 산뜻하게 뚫린 해안도로는 바다와 산림 경관을 잘 조화시키고 있다. 자연이 훼손되지 않았고 오염 흔적이 거의 없어 더욱 좋다.

이 해안의 중간에는 실록(Seal Rock)과 버드록(Bird Rock)이 있다. 연안 가까이 위치한 이 바위에는 수많은 물개와 수달이 모여 있다. 이들은 바위 위에서 쉬기도 하고, 유영하며 울음소리를 내기도 하는 다양한 생태를 보여준다. 수표면을 진동시키는 울음소리는 이곳의 자연과 잘 어울린다. 해안에는 많은 해조류가 쌓여 있어 어류와 해양 동물이 풍부하게 자생하고 있음을 나타낸다.

세븐틴마일즈 해안에서 볼 수 있는 천혜의 자연경관은 수많은 물

몬터레이의 실록에서 휴식하고 있는 물개들

몬터레이의 버드록에 내려앉은 새들

개와 수달의 서식, 풍부한 어류와 해조류의 자생으로 먹이망(Food Web)을 형성하고 있다. 더욱 중요한 것은 국민의 자연보호 의식이 이 지역을 세계적인 명소로 보전시키고 있다.

세븐틴마일즈 해안에 자생하는 삼나무(Cypress)는 '자연의 분재'라는 표현이 적절할 수밖에 없다. 이 삼나무는 몸체가 왜소하며, 해암 위에 우뚝 홀로 서 있는데, 바닷가의 좋은 날씨가 많다고 해도 강한 해풍과 폭풍의 열악한 환경 속에서 수많은 세월을 견뎌온 것만은 확실해 보인다. 이 삼나무는 현재 지구상에서 3,500년 된 가장 오래된 나무로 알려진 아프리카 서안 테네리페(Tenerife)섬에 있는 용혈수(Dragon Tree)와 종(種), 체형, 성격, 풍토, 지리 등이 다르지만, 오랜 세월을 지내 온 단단한 풍모에서 유사성이 있다.

몬터레이와 세븐틴마일즈 지역의 아름다운 해안 환경과는 달리,

개척기의 역사는 어두운 면을 가지고 있다. 한 가지 예를 들면 다음과 같다.

몬터레이 지역에는 원래 인디언이 많이 살고 있었고, 선교사 스티븐 목사는 인디언을 잘 보호하며 친하게 지냈다. 어느 날, 한 갑부 백인이 스티븐 목사를 찾아왔고, 인디언 하녀가 차를 끓여 대접하다가 실수로 찻물을 쏟게 되자, 백인은 하녀의 뺨을 사정없이 때렸다. 이 광경을 목격한 하녀의 남편은 격분하여 칼을 빼서 갑부를 죽였고, 두 사람은 세븐틴마일즈로 도망쳐 숲속에서 살았다.

하녀를 돌보던 스티븐 목사는 인디언을 보호했다는 이유로 백인의 총에 맞아 죽었고, 기병대는 무차별적으로 인디언을 학살하기 시작해서 원주민은 거의 멸종 상태에 이르게 되었다. 세븐틴마일즈는 아름다운 해안 숲속과는 대조적으로 참담한 인디언의 학살장이 된 것이다. 세븐틴마일즈의 아름다운 해안 경관과 울창한 자연림을 배경으로 〈원초적 본능〉 같은 영화가 제작되기도 했다.

로스앤젤레스의 바다

샌프란시스코 해안에서 샌디에이고(San Diego) 해역에 이르기까지, 대부분의 해안 경관은 자연 그대로 보존되어 아름답다. 로스앤젤레스의 해안은 맑고 푸른 태평양과 수목이 어우러진 청정 수역을 이루고 있다. 연안의 지역 개발은 제한적이며, 항구나 해변에는 해양오염이 비교적 적다.

로스앤젤레스 항구의 콘테이너선

　로스앤젤레스 연안 저층에는 저서생물이 서식할 수 있는 바위와 돌이 많아 해조류와 전복 같은 부착성 생물이 많다.

　로스앤젤레스 항구에 있는 해양 박물관(Maritime Museum)은 다양한 대소형 선박 모형을 전시하고 있다. 전시된 선박은 종류도 시대도 다양하며, 모형이지만 제작의 정교성이 뛰어나다. 이를 통해 선박의 과학기술 발전 과정을 종합적으로 조망할 수 있다.

　로스앤젤레스 해안에는 대도시의 면모에 걸맞게 많은 해변이 있다. 맨해튼 비치(Manhattan Beach), 레돈도 비치(Redondo Beach), 롱 비치(Long Beach), 헌팅턴 비치(Huntington Beach), 뉴포트 비치(Newport Beach) 등은 잘 알려졌으며, 많은 인파를 수용한다.

샌디에이고의 바다

샌디에이고(San Diego)는 미국 서부 해안의 최남단에 있으며, 멕시코와 접경을 이루는 국경도시다. 이곳은 라틴 아메리카의 영향, 즉 스페인풍의 문화가 생활 속에 많이 녹아 있다. 샌디에이고는 부유한 해안 도시로, 좋은 기후와 뛰어난 해안 경관으로, 살기 좋은 곳이며 생활 수준도 높다.

이곳에는 유명한 해양연구소인 스크립스해양연구소(Scripps Institution of Oceanography)가 있다. 오랜 전통과 수많은 교수와 연구원이 활동하고 있는 이 연구소는 1903년에 설립된 캘리포니아 대학교 소속 연구소로, 세계적인 해양학 연구 센터 역할을 하고 있다. 이 연구소는 미국 동부의 우즈홀해양연구소(Woods Hole Institution of Oceanography)와 연구 규모, 연구비 유치, 연구 실적 등에서 난형난제의 경쟁 관계를 이루고 있다.

전반적으로 세계 초일류의 연구 규모를 자랑하는 이 연구소는 태평양을 주무대로 연구하고 있으며, 학문적으로 세분되어 있어 연구자들은 특정 분야에 심층적으로 몰두하는 경향이 있다. 모든 연구원은 자기 전공 이외의 분야에는 관심을 두지 않으며, 관심을 보일 여유가 없이 바빠 보인다.

따라서 해양 전체에 대한 전반적이고 해박한 지식을 가지고 해양과학을 종합하고 총괄할 수 있는 인재 양성에는 부족함이 있다고 한다. 부소장 멀린 박사(Dr. Mullin)와 연구소의 잔디밭에서 점심시간

샌디에이고의 스크립스해양연구소

을 포함한 두 시간 가까운 대화는 연구소의 운영 유지와 우수 학생 양성에 엄청난 노력이 뒷받침되고 있음을 느끼게 한다.

CHAPTER 11

오세아니아의 바다 자연

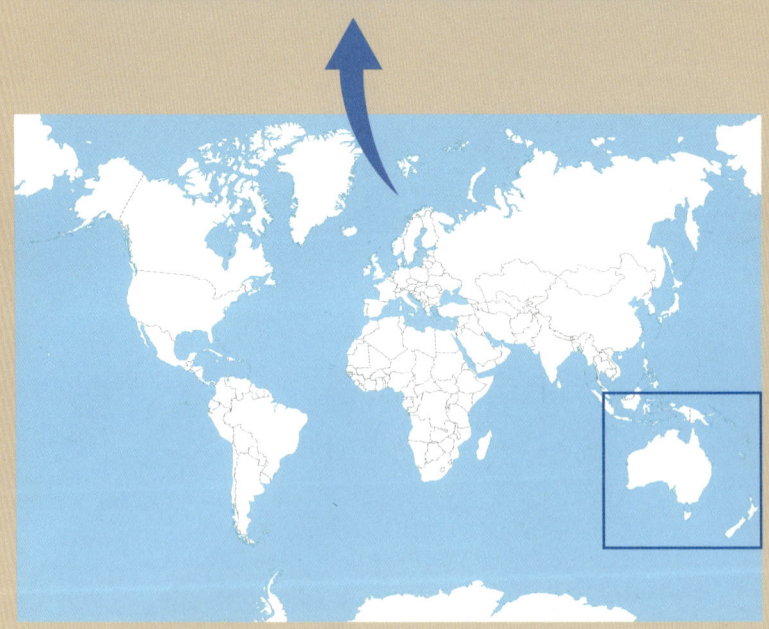

남반구 오세아니아의 섬과 도서 국가

태평양은 지구의 자연현상을 움직이는 여러 요인을 지닌 대단히 큰 바다이다. 환태평양의 4만여km에 걸쳐 분포된 화산과 지진의 띠를 '불의 고리'라고 한다. 이곳에서는 활발한 지각운동이 일어나고 있다. 태평양에는 다양한 지형적 변화와 수많은 섬이 있어 생태환경이 매우 다양하다. 특히 적도를 중심으로 산호초들이 활발하게 자라고 있으며 탄산가스를 수용하는 탄소중립의 현장이자 산호초 도서 국가들의 터전이기도 하다.

남반구의 대양주는 완전히 태평양에 떠 있는 대륙으로, 많은 섬들을 거느리고 있다. 태평양에 있는 섬들의 규모는 다음과 같다.

누벨칼레도니섬을 중심으로 한 로열티 제도와 체스터필드 제도를 포함하는 넓은 해양은 프랑스의 자치령이다. 면적은 19,058km²이고, 인구는 약 20만~30만 명으로 추산된다. 이 지역은 남태평양의 허브 역할을 하며 교통의 요지이다. 주요 산업으로는 사탕수수 재배와 수산업이며, 관광지로 자리 잡고 있다.

태평양의 작은 도서 국가로는 사모아(2,944km^2), 키리바시(811km^2), 통가(748km^2), 미크로네시아(702km^2), 팔라우(458km^2), 마셜(181km^2), 나우루(21km^2), 바누아투(1,200km^2), 투발루(26km^2) 등이 있다. 하와이는 1,500km^{2}이고, 마리아나 열도에서 제일 큰 섬인 괌은 549km^{2}이며, 사이판은 119km^{2}이다.

뉴기니섬은 면적이 821,000km^{2}로 매우 큰 섬이다. 서쪽 절반은 인도네시아 영토이고, 동쪽 절반은 파푸아뉴기니이다. 수도는 포트모르즈비이며, 1975년 9월 16일 오스트레일리아로부터 독립하였다. 면적은 462,839km^{2}로 큰 편이며, 인구는 약 1천만 명이다. 이 나라는 열대지역으로 약 3천 종의 난초가 자생하며, 열대우림에는 약 1,200여 종의 목본 식물이 자생한다. 특히 열대 해안림이 풍부하며 기후는 고온 다습하고 국토의 80% 이상이 열대림으로 덮여 있다.

호주 대륙의 바다와 자연

오스트레일리아는 7,741,000km² 로 호주 대륙의 전체를 차지하고 있으며, 해안선이 길어 다양한 해양 생태계를 지니고 있다. 호주 대륙의 내륙은 사막으로 열대성 기후의 지역이다. 대륙의 3분의 1에 해당하는 남부 지역은 온대 기후대로, 인구가 집중되어 있으며 대부분 대도시가 이 지역에 있다.

오세아니아주는 호주 대륙을 비롯하여 남태평

인공위성에서 바라본 오스트레일리아 대륙

양의 방대한 해역에 분포된 수많은 섬을 포함한다. 이 섬들은 과거에 영국, 프랑스, 독일, 미국 등의 해양 강국이 통치하였다. 독립한 국가들은 솔로몬, 나우루, 바누아투, 키리바시, 사모아, 피지, 통가, 투발루, 팔라우 등이다. 이들 섬은 태평양의 거대한 해양 성격과 기능에 절대적인 영향력을 받고 있다.

호주의 해양학적 성격을 크게 몇 가지 나누어 보면, 첫째, 열대 산호초가 왕성한 해역, 둘째, 위도상 30° 전후의 온대 해역, 셋째, 남극 바다의 영향을 받는 대륙 남쪽으로 구분할 수 있다. 따라서 해역에 따라 해조류와 어류가 다르며, 대륙 전체적으로 해양 생물의 다양성이 매우 크다. 호주 대륙 동남쪽에는 태즈메이니아섬(Tasmania Island)이 가까운 거리에 위치해 있으며, 호주 대륙과 뉴질랜드 사이의 해역을 태즈먼 바다(Tasman Sea)라고 한다.

대륙의 연안은 상어류를 비롯하여 뱀장어(Eels), 정어리(Herrings & sardines), 깃털연어(Beaked salmons), 메기(Catfishes), 대구(Cods), 색줄멸과(Silversides), 넙치(Flatfishes) 그리고 다양한 종류의 등목어(Perchlikes) 등이 자생하고 있다. 물론 원양성인 참치류도 많이 서식하여 남태평양의 참치 자원으로 각광받고 있다.

호주 대륙의 북단에 위치한 케이프요크반도를 경계로 서북쪽에는 파푸아뉴기니섬으로 둘러싸인 아라푸라해(Arafura Sea)가 있으며, 반도의 동쪽에는 산호 바다(Coral Sea)가 있다. 케이프요크반도의 동쪽에는 적도에서 솔로몬 제도를 거쳐 흘러오는 열대 해류가 있어 산호 생물들이 왕성하게 번식하고 있다. 이 해류는 호주 대륙의 동쪽을 따라 흐르다가 태즈먼 바다에서 뉴질랜드 서쪽 연안과 부딪히고 유턴하여 다시 북쪽으로 흐르는 열대 해류로 바뀐다.

이 지역은 대부분 열대 해역으로서 산호초로 이루어진 도서군이다. 따라서 열대 산호초 어류 군이 이 해역을 화려하게 만들고 있다. 인도양의 산호초에 대해 이미 언급했지만, 태평양의 산호초도 방대한 수역에 걸쳐 엄청난 규모로 나타난다.

오스트레일리아는 서쪽으로는 인도양, 동쪽으로는 태평양과 접하여 동서의 양대양 가운데 떠 있는 거대한 섬이자, 6대주 중에서 가장 작은 대륙이다. 면적은 7,741,000km^{2}로 한반도의 35배에 달한다. 인구는 약 2천6백만 명으로 인구밀도는 제곱킬로미터당 3명 정도이다. 그러나 국민은 다양하여 160여 개 나라 사람들이 모여 살고 있다.

뉴질랜드의 바다 자연

뉴질랜드는 남위 34°~47° 사이에 자리 잡고 있으며, 남태평양의 두 개의 큰 섬과 6백여 개의 작은 섬으로 이루어진 나라이다. 북섬은 약 114,700km²이고, 남섬은 약 15만 km²로 뉴질랜드의 총면적은 271,000km²이다.

뉴질랜드는 남태평양의 해양성 기후를 지니는 국가로, 수도는 웰링턴이며, 면적은 444km²이다. 국토는 북섬과 남섬으로 나뉘며, 화산 분출로 형성된 섬들이다. 북섬에서는 뜨거운 온천수가 용출되고, 남섬에는 피오르가 발달하여 있다. 또한 남극과 가까운 거리에 있어 생물자원이 풍부하다. 목축업이 발달한 나라로, 주로 양을 기르는 풍요로운 초원을 지니고 있다.

북섬과 남섬의 길이는 무려 1,600km나 되며, 남섬은 위도상으로 남극 바다와 접해 있어 남극의 영향을 많이 받는다. 다시 말해, 남태평양의 전형적인 해양성 기후를 지니지만, 남섬의 남부 지방은 남극과 비교적 가까운 거리에 있어 남극 기후와 생물상에 영향을 받는다.

뉴질랜드는 북쪽으로는 남태평양 해역과 접하고 있으며, 피지, 통가, 사모아 등의 섬나라와 이웃해 있다. 이 해역은 원양 어업의 기지로, 특히 남태평양의 참치잡이 전문 어선단이 활동하는 무대이다.

뉴질랜드의 남쪽 연안에는 온대성 해류(temperate currents)가 흐르고 있으며, 서북쪽 전체 해안에는 유턴해서 북쪽으로 흐르는 열대성 해류에 의해 생물들이 서식한다. 위도상으로는 아한대와 온대지방에 속하지만, 열대성 어류와 산호초가 번식하고 있다.

뉴질랜드의 두 개의 큰 섬은 넓고 풍요로운 초원을 이루고 있어 세계적인 목축업과 농업 국가이다. 특히 양을 많이 기르며, 초원의 목초도 매우 다양해 수십 종에 이른다. 양으로 인한 물질문명이 생활 속에 깊숙이 자리 잡은 나라이다.

뉴질랜드의 인구는 약 5백1십만 명으로, 북섬에 2/3가 거주하고 있다. 이 나라의 건국 기념일은 2월 6일로, 1840년 영국인과 원주민 마오리인이 조약을 체결한 날이다. 현재 국민의 90%는 영국인, 10%는 마오리인이다. 따라서 영국의 물질문명을 잘 반영하고 있으며, 영국의 모범적인 연방국이다.

아벨 타스만(Abel Tasman)은 1642년에 뉴질랜드를 발견했다. 제임스 쿡(James Cook)은 1769년 에든버러호를 타고 항해하여 뉴질랜드에 상륙, 6개월 동안 남섬과 북섬의 지도를 작성한다. 이로 인해 북섬과 남섬 사이의 바다는 쿡 해협(Cook Strait)이라 불리게 되었다. 그러나 그는 1779년 2월 14일 하와이에서 원주민의 항쟁으로 사망했다. 호주와 뉴질랜드의 거리는 2,250km로, 이 사이의 바다는 태즈먼해(Tasman Sea)로 불린다.

북섬과 남섬은 화산의 분출로 형성된 섬으로, 분화구가 많고 뜨거운 유황 온천수가 용출되어 세계적인 온천 지대를 이루고 있다.

화산 분출 지역인 뉴질랜드 북섬의 로토루아시

특히 북섬의 중앙에 위치한 로토루아(Rotorua)시 지역에는 많은 호수가 있어 호반의 도시를 이루고 있으며, 지금도 용암이 흘러나오고 더운 물이 솟아오르고 있다.

밀퍼드 사운드(Milford Sound)의 바다 자연

밀퍼드 사운드는 뉴질랜드 남섬의 서남쪽에 있는 피오르랜드 국립공원(Fiordland National Park)의 대표적인 피오르 경관이다. 이 국립공원은 125만 헥타르의 면적을 가지고 있으며, 뉴질랜드에서 가장 크고, 세계적으로도 다섯 번째로 큰 자연공원이다. 이 공원의 최북단에 있는 밀퍼드 사운드는 남쪽으로 약 300km에 걸쳐 펼쳐지는 수많은 사운드(하구)들과 함께 지각 변동, 화산 폭발, 빙하의 침식 등으로 빙하기에 형성된 세계적인 피오르 자연경관을 자랑한다.

이 공원의 대표적인 사운드로는 블라이 사운드(Bligh Sound), 조지 사운드(George Sound), 캐스웰 사운드(Caswell Sound), 찰스 사운드(Charles Sound), 낸시 사운드(Nancy Sound), 다우트풀 사운드(Doubtful Sound), 더스키 사운드(Dusky Sound) 등이 있다. 이러한 사운드는 북극권의 노르웨이와 알래스카의 피오르와 지형적으로 유사한 점이 많다.

피오르랜드 국립공원은 뉴질랜드 남섬의 남서부에 위치해 있으며 수많은 피오르 자연, 가파른 경사의 험한 산세를 보이는 산맥과 계곡, 하천, 폭포, 호수, 산림 그리고 굽이치는 리아스식 해안이 천연

밀퍼드사운드의 피오르 경관

의 아름다움을 펼쳐 보이고 있다. 밀퍼드 사운드는 남위 45°와 동경 168°의 약간 서북쪽에 위치하며, 내륙 쪽으로는 방대한 면적의 테아나우 호수(Lake Te Anau)와 연결되어 있다. 테아나우 호수는 길이 61km, 면적은 352km², 최대의 수심 417m로, 뉴질랜드에서 두 번째로 큰 호수이다.

이 국립공원의 날씨는 변화무쌍하며, 해안선은 굴곡이 심하고 빙하의 침식으로 인해 깊은 바다를 형성하고 있다. 생물학적으로는 울창한 숲을 이루고 있는 지역이다. 지형적 특수성 때문에 개발이 어려워 마을이나 도시가 거의 형성되지 않는 원시 자연 상태이다. 이러한 자연환경 덕분에 유네스코는 1986년에 이 지역을 세계자연유산 지역으로 지정했다. 밀포드 사운드 인근 도시로는 동쪽에 멀리 떨어진 퀸스타운(Queenstown)이 있고, 남쪽으로 120km 떨어진 테아나우가 있다.

밀퍼드 사운드의 기후는 매우 변화가 심하여 하루에도 화창한 날씨와 악천후가 수시로 교차한다. 이곳의 겨울은 남반구에 속해 5월~8월까지이며, 낮 기온은 4℃~10℃ 사이이다. 그러나 피오르랜드 국립공원의 높은 산과 깊은 계곡에는 눈과 얼음이 덮여 있으며 때로는 막대한 눈사태가 발생한다. 또한 시속 200km에 이르는 바람은 빽빽한 숲의 나무들, 특히 너도밤나무 군집에 큰 피해를 준다. 나무는 뿌리째 뽑히거나 쓰러지면서 도미노 현상처럼 나무 쓰러짐 현상을 일으키기도 한다.

밀퍼드 사운드는 바다의 만구로부터 16km 안쪽에 위치해 있으며, 수직으로 깎여진 산봉우리들이 피오르의 수면을 병풍처럼 둘러싸고 있다. 2,000m 높이의 펨브로크 피크(Pembroke peak), 1,692m 높이의 마이터 피크(Mitre peak) 등, 1,000m가 넘는 수직 절벽과 여기에서 쏟아지는 폭포들은 피오르의 절경을 이룬다. 연평균 강우량은 무려 7,200mm에 달한다.

하와이 군도

하와이의 해양 환경

하와이 군도는 총 122개의 섬으로 이루어져 있으며, 미국의 일개 주로서 면적은 16,705km²이다. 일반적으로 하와이 하면 여덟 개의 주요 군도로 알려져 있는데, 이 중 여섯 개의 섬에는 마을이 있고, 한 개 섬은 군사기지로 사용되며, 나머지 한 개 섬은 개인 별장으로 사용된다.

하와이 제도는 북태평양의 북위 20° 전후와 서경 155°~160° 사이에 있으며, 미국에서 약 4,000km 떨어져 있다. 이 지역의 섬들은 열대기후에 속하지만, 전형적인 해양성 기후를 나타내며, 서태평양의 괌(Guam)섬이나 타이완섬과 비슷하게 고온 다습하다.

하와이의 기후는 사계절 기온 변화가 크지 않으며, 강우량이 많아 열대우림이 형성되고, 바닷물의 수온이 거의 항상 따뜻하여 연중 언제나 해수욕을 즐길 수 있는 천혜의 휴양지이다. 하와이와 괌은 약 6,000km 떨어져 있지만, 해양학적 성격과 해양 생물의 서식 환경이 유사하다.

하와이 군도는 화산으로 형성된 섬들로, 땅에는 유황과 백반 성분이 많이 함유되어 있어 생물학적으로 독특한 환경을 지니고 있다. 지하에서 생활환(Life cycle)의 전부 또는 일부가 이루어지는 생물, 예를 들어 뱀이나 굼벵이 같은 생물은 서식하지 않으며, 유충이 없으므로 매미도 없다. 활화산의 활동으로 내뿜어지는 연기가 모기를 비롯한 곤충의 서식을 차단하고 있다.

조류의 서식도 매우 빈약하여 까치, 까마귀, 갈매기, 제비 등이 없는 것이 특징이다. 이는 하와이섬과 대륙이 멀리 떨어져 있어 조류의 이동이 제한되기 때문이다. 예를 들어, 제비는 바다 위를 이동할 때 나뭇잎을 물고 가다가 힘들면 물 위에 띄워 쉬는데, 하와이처럼 멀리 있는 섬까지는 이동하기 어렵다.

하와이 군도의 주요 여덟 개 섬은 니하우(Nihau), 카우아이(Kauai), 오아후(Oahu), 몰로카이(Molokai), 라나이(Lanai), 마우이(Maui), 카호올라웨(Kahoolawe), 하와이(Hawaii)이다.

이 중 제일 큰 섬은 하와이섬으로, 활발한 화산 활동을 보이며, '빅아일랜드(The Big Island)' 또는 '난초의 섬'으로도 불린다. 면적은 오아후섬의 6배~7배, 일곱 개 군도를 합친 면적의 두 배에 달하는

6,460km²이며, 인구는 12만 명이다. 호놀룰루에서 이 섬의 수도 힐로까지는 비행기로 30분 거리이며, 미개발 상태로 조용하고 한적하여 휴양지로서 최적의 조건을 갖추고 있다.

하와이섬에는 하와이국립화산공원(Hawaii Volcanoes National Park)이 있는 마우나로아(Mauna Loa)와 해발 4,000m가 넘는 마우나케아(Mauna Kea)가 있다. 마우나케아의 높이는 13,796피트로, 태평양 한 가운데 우뚝 솟은 산봉우리이며, 해저 깊이까지 고려하면 거대한 산악의 정상이라고 할 수 있겠다.

하와이 국립화산공원

하와이 제도의 수도가 있는 섬은 오아후(Oahu)섬이며, 면적은 약 950km²로 우리나라 제주도의 95% 정도 크기이다. 오아후섬에는 수도 호놀룰루와 진주만이 있으며, 하와이 군도의 정치, 경제, 문화의 중심지이다. 이곳에는 하와의 인구의 약 80%인 120만 명이 거주하고 있으며, 그중 5만여 명은 우리나라 교포이다.

오아후섬의 전경은 주로 심해성 해양경관이 주를 이루면서 아름답고 다양하다. 특히 하나우마만(Hanauma Bay)은 다이아몬드헤드(높이 232m의 화산 분화구), 와이키키 해변(세계적인 리조트 해변)과 함께 이 섬의 3대 명소를 이루고 있다. 하나우마만은 섬의 동남부에 위치하며, 에메랄드빛 바닷물과 산호초가 어우러진 국립해상공원으로 해안 절벽과 함께 뛰어난 자연경관을 자랑한다.

하나우마만은 최적의 수온과 해변으로 매우 좋은 해수욕장을 이루고 있으며, 수심은 가슴 높이 정도로 낮아 열대어류가 많이 모여 유영하고 있다. 스킨스쿠버나 스노클링을 통해 물고기들과 가까이 접하면서 시간을 보낼 수 있는 천혜의 자연환경을 제공한다.

오하우섬의 다른 명소로는 해양생물공원(Sea Life Park)을 빼놓을 수 없다. 이 공원은 규모가 크지 않지만, 큰 비용이 들지 않은 실리적인 관광 명소 중 하나이다. 간단하면서도 유익하고 교육적이어서 많은 관광객이 찾는다.

수족관은 원통형으로 설계되어 지하층에서 지상층으로 나선형 통로를 돌면서 활기차게 회유하는 어류를 관람할 수 있다. 이 수족관은 하와이 해역의 해양 생태를 잘 보여주며, 오래전에 설립된 볼티모어의 국립수족관(National Aquarium)과 비슷한 유형이지만, 훨씬 실용적이고 경제적으로 꾸며져 있다.

일반적으로 거대한 실내 수족관에서 열리는 돌고래의 쇼는 조련사와 잘 조련된 돌고래의 경연이라고 할 수 있다. 하지만 이곳 해양 생물공원의 돌고래 쇼는 실내 수족관이 아닌 야외 풀장에서 열려 자연스럽고 인상적이다. 이곳의 야외 풀장은 자연스러운 분위기를 만들고, 주변 환경을 아기자기하게 활용하여 실용적이고 흥미로운 분위기를 창출한다.

풀장 가운데는 조그만 오두막이 설치되어 있고, 한쪽에는 낡은 선박이 고정 배치되어 돌고래가 뛰어노는 무대로 꾸며져 있다. 하와이 원주민과 함께 뛰노는 돌고래 모습은 자연의 일부처럼 보인다. 별도로 마련된 물개의 야외 풀장도 있는데, 물개의 능숙한 쇼와 이에 따른 보상으로 주어지는 생선은 좋은 관람거리가 된다. 이곳의 물개 쇼는 해양생물공원의 자랑거리가 아닐 수 없다.

해저의 생물상과 인공어초

수문학적으로 열대성 수온을 사철 유지하는 하와이 군도의 연안 해역에는 곳곳에 산호초(Coral reef)가 형성되어 있으며, 약 75종이 서식하고 있는 것으로 알려져 있다. 물론 이는 필리핀 해역이나 괌 해역에 비하면 종류가 상당히 적은 편이지만, 그래도 상당한 다양성을 지니고 있다.

하와이 연안수역에 자생하는 산호류는 수심에 따라 다음 같이 나눌 수 있다.

- 수심 5~6m 이내 : 꽃양배추 모양의 산호(Cauliflower coral)
- 수심 6m 전후 : 가지진 뿔 모양의 산호(Antler coral)

인공위성 사진으로 찍은 하와이의 섬들

• 수심 10m 정도 : 흰점의 해삼 모양의 산호(White-spotted sea cucumber)

• 수심 15m 정도 : 열편형 산호(Lobe coral)

산호(Coral)는 강장동물문의 산호강 산호과에 속하는 동물로서 주로 수온이 높은 열대 수역에 서식한다. 산호는 산호초를 이룰 만큼 생장속도가 매우 빠르며, 아름다운 색으로 해양 생태계를 빛나게 한다. 산호 종류를 몇 가지 소개하면, 붉은산호, 연분홍산호, 녹석산호, 흰산호, 석산호, 버들산호, 가지산호, 관산호 등이 있다.

산호가 자라는 해역에는 수많은 해양 생물이 함께 서식하여 환상적인 해양 생태계를 이루고 있다. 산호류와 함께 서식하는 저서식물로는 주로 홍조류(Rhodophyta)에 속하는 다양한 해조류, 특히 석회조가 있다. 또한 저서동물로는 불가사리, 말미잘, 해삼, 성게, 멍게, 새우류 및 저서성 어류가 있으며, 산호초 사이에는 여러 종류의 돔과 나비고기 등 다양한 어류가 서식하고 있다.

하와이 군도의 연안 해역을 잠수함(Atlantis)에서 관찰하면, 해저 환경이 맑고 깨끗한 것을 먼저 볼 수 있다. 자연적으로 형성된 자연초는 많이 보이지 않지만, 하와이대학교 해양학과가 설치한 인공어초, 침몰된 선박, 투하된 비행기 잔해는 어류의 서식 환경을 제공하며 해양 생물학적으로 큰 의미를 지니고 있다.

- **선반식 피라미드형 인공어초** : 수심 약 30m에 콘크리트 평면판을 쇠파이프 기둥으로 층층이 조립하여 해저에 설치한 구조물이다. 이 구조물은 어류의 생태와 서식 환경을 조사하고 연구하는 데 사용된다. 맨 아래 평면판은 약 $30m^2$ 정도로 넓으며, 위로 올라갈수록 면적이 작아져 여섯 번째 평면판은 $10m^2$ 정도이다. 마치 피라미드의 제단 같은 6단 구조로, 각 층은 약 2m 간격으로 설치되어 있다. 설치된 주변 해역에는 자연초가 보이지 않는다.

해양 환경적으로 수심이 비교적 깊어 햇빛이 많이 투과되지 않아 다소 어두운 편이지만, 일정 거리에서는 시야에 큰 장애가 되지 않는다. 이러한 점에서 이 수역은 좋은 광투과층을 형성하고 있다. 구조물에 부착된 해조류나 저서동물은 거의 관찰되지 않으나, 많은 어류 떼가 이 구조물 주변을 유영하고 있어 인공어초로서의 좋은 기능을 하고 있음을 보여준다. 주변 환경은 상당히 깨끗한 편이다.

• **원통 철망 인공어초** : 이 인공어초는 일본에서 활용되고 있는 유형 중 하나로, 선반식 피라미드형 인공어초와 비교 연구하기 위해 이 해역에 설치되었다. 모양은 다르지만, 기능은 대동소이하다.

직경 약 2m의 단일 원이 연속적으로 부착되어 길이 약 10m의 원통형을 이루고 있다. 피라미드식 구조로 맨 아래층에 세 개, 그 위 층에 두 개, 상단에 한 개가 쌓여 전체적으로 삼각형 모양을 이룬다. 이 원통은 철근만으로 조립되어 있어 어류가 자유자재로 출입할 수 있으며, 원통 내외부의 조도 차이도 없다. 철근에 부착해서 서식하는 해조류나 저서생물은 거의 없지만, 많은 물고기 떼가 이 인공어초 주변을 맴돌고 있다. 이 원통형 인공어초는 앞서 언급한 선반식 피라미드형 인공어초와 동일한 해양 환경에 설치되어 있으며, 자연경관도 동일하다.

• **침몰된 선박 어초** : 이 선박 어초는 제2차 세계대전 중 군함이 오아후섬 근해에 침몰한 것으로, 수심 20m~30m 정도에 가라앉아 있다. 이 배는 이미 수십 년 동안 해수에 잠겨 있어서 침식이 많이 되어 있지만, 선박의 외형은 거의 원형에 가깝다. 수많은 어류가 선박 내부와 외부를 드나들며 서식하고 있어 마치 어류 아파트처럼 보인다. 이 선박 어초는 앞서 언급한 두 가지 인공어초 유형과는 전혀 다르며, 대형 어류의 유영과 함께 어류 밀도가 높게 관찰된다. 선박

내부에는 빛의 투과가 좋지 않아 거의 암흑에 가깝지만, 야행성 어류의 입출입이 관찰된다.

폐선박을 인공어초로 활용할 경우, 선박의 막대한 경제성에 비해 어류의 서식만으로 수익을 낼 수 있을지 의문이지만, 상당한 효과를 거두고 있다. 이곳에서도 다른 인공어초처럼 부착 생물은 거의 관찰되지 않았으며, 주변의 해양 환경도 다른 어초와 마찬가지로 해저평원으로 자연초가 거의 없는 상황이다.

비행기 잔해 인공어초 : 비행기의 잔해를 인공어초로 활용하기 위해 적정 수심에 투하한 것이다. 해저평원에 투하된 비행기 잔해는 다른 인공어초와 유사하게 어류의 서식처 역할을 하며, 때로는 적으로부터 방어 또는 도피하는 효율적인 장소로 기능하지만, 선박 어초처럼 안정된 생활 환경을 제공하지는 못한다. 비행기의 체적은 인공어초로서 다소 빈약한 편이다. 이는 어류 서식의 경제성보다는 해저 관광을 목적으로 투하된 것이므로 어류 군의 크기나 부착 생물의 부재에 대해 논하는 것은 별 의미가 없다.

이상으로 네 가지 유형의 인공어초에 대하여 살펴보았다. 이들 어초에서 관찰된 어류를 소개하면 대략 다음과 같다.

Amberjack(방어류); Bluefin(참치); Mackerel Scad(고등어 전갱이); Bluestripe Snapper(도미류); Unicornfish(일각돌고래류); Spiny Puffer(복어류); Moray Eel(곰치, 뱀장어류); Eye-stripe Surgeonfish(열대어류); Milletseed Butterflyfish(기장나비물고기), Longnose

Butterflyfish(이상 나비고기류); Rainbow Wrasse, Saddle Wrasse, Bullethead Parrotfish(이상 놀래기류); Scribbled Filefish(쥐치); Manybar Goatfish(여러줄 촉수과), Yellowstripe Goatfish(노란줄 촉수과); Lei Triggerfish(레이트리거피시), Painted Triggerfish(무늬트리거피시); Black Durgon(검은더건), Pinktail Durgon(분홍꼬리더건); Cornetfish(트럼펫피시); Forcepsfish(집게피시); Hawaiian Sergeant(하와이병정고기); Pennautfish(깃발고기); Trumpetfish(트럼펫고기); Yellow Tang(옐로우탱).

하와이 군도의 연안 수역은 수심 120피트까지 햇빛이 잘 투과되어 광투과층을 형성하며, 깨끗한 해양 환경을 보여준다. 해저는 주로 사질(沙質)로 이루어진 해저평원으로, 해조류 군집이나 해초 숲이 없고, 바위 같은 어초도 별로 없다. 이곳의 일반적인 해저 경관에서는 회유하는 어류 떼도 흔히 관찰되지 않으며, 간혹 산호류가 서식하는 정도이다. 그러나 인공어초가 설치된 수역에서는 동일한 환경에서도 많은 어류가 회유하는 모습이 관찰된다.

하와이대학교의 조사 결과에 따르면, 인공어초가 설치된 수역에서는 비설치 수역에 비해 어류의 양이 3천 배 정도 증가한 것으로 나타났다. 이는 어초 환경이 어류의 서식에 얼마나 큰 영향을 미치는지를 보여주며, 어류의 서식 환경을 개선하는 데 유용한 연구 결과이다.

괌의 바다와 해양 생물

괌의 자연

　마젤란이 1521년에 이 섬을 찾아온 이후 약 300년 동안 스페인령으로 있다가, 1898년 미국-스페인 전쟁으로 미국령이 되었다. 그러나 19세기 말 독일령으로 전환되었다가 태평양 전쟁 때에는 일본이 점령하여 통치했다. 제2차 세계대전 이후에는 미국의 신탁 통치령이 되었다.

　괌은 북위 13° 27′, 동경 144° 47′에 위치하며, 필리핀해에 인접한 서태평양의 가장 깊은 해구 속에 떠 있는 섬으로, 열대지역의 전형적인 고온 다습의 해양성 기후를 가지고 있다. 마리아나 열도 중 가장 큰 섬으로 면적은 549km², 섬의 길이는 48km, 폭은 6km~14km이다. 남부에는 407m 높이의 산이 있으며, 섬의 북쪽으로는 150m 정도의 고원이 형성되어 있다. 또한 천연의 양항(良港)인 아프라항을 비롯한 여러 항구들이 있다.

자연 생태계의 식생은 제2차 세계대전 전에는 울창한 밀림으로 덮여 있었으나, 격렬한 폭격으로 인해 열대우림이 완전히 파괴되었다. 토양의 변천과 잦은 태풍으로 인해 자생적인 밀림이 형성되지 못하는 환경이다. 그러나 간혹 남부 지역의 계곡에는 울창한 숲이 남아 있다.

괌과 마리아나 제도

괌은 서태평양의 북서부에 있는 마리아나 제도의 중심이 되는 섬이다. 이곳은 투명도가 뛰어난 청정 수역으로, 천혜의 바다 자연을 자랑하며, 푸른 바닷물과 에메랄드빛 바다가 펼쳐진다. 마리아나 제도는 북위 13°에서 21° 사이, 동경 144°에서 146° 사이에 위치하며, 아나타한섬, 사이판섬, 티니안섬, 로타섬, 괌섬 등 15개의 섬으로 이루어져 있다. 아나타한섬 이북의 9개 섬은 화산섬이며, 남쪽의 여섯 개 섬은 산호가 발달해 융기한 섬으로 해안 단구가 발달해 있다.

괌의 바닷물은 오염되지 않은 청정 수역이며, 밀물과 썰물의 차이가 크지 않고, 수온이 사시사철 따뜻하다. 이곳에서는 수영뿐만 아니라 스노클링, 윈드서핑, 보팅, 스쿠버 다이빙, 트롤링(바다낚시) 등 다양한 해양 스포츠를 마음껏 즐길 수 있다.

'마리아나'라는 명칭은 1521년 마젤란이 괌에 정박한 후 이 해역의 여러 섬이 비로소 알려졌는데, 처음에는 라타니스 또는 라드로네스 제도라고 불렸다. 1868년, 스페인 황실의 황후 마리아 안나의 이름을 따서 마리아나 제도로 명명한 것이 오늘날까지 사용되고 있다.

마리아나 해구는 거의 남북 방향으로 뻗어 있으며, 길이는 2,550km, 폭은 70km에 불과하다. 남쪽의 비티아즈(Vitiaz) 해연은 무려 11,034m 깊이로 지구상에서 제일 깊은 해구를 이루고 있고, 챌린저호가 찾아낸 10,863m의 챌린저 해연도 최고의 심해 환경을 이루고 있다. 다른 한편으로 잠수정 트리에스테 2호는 1960년에 10,916m의 해저까지 도달한 기록을 가지고 있어 마리아나 해구의 심해성을 입증했다. 이 해연에는 오늘날에도 심해 지진대와 활화산대가 활동하고 있다.

괌 해변에서는 다양한 해양 스포츠를 즐길 수 있다.

괌은 태평양의 가장 깊은 바닷속 거대한 산맥이 솟아오른 작은 산봉우리로, 그 주변 환경은 전부 바다뿐이다. 다시 말해, 괌은 바다 자연의 장엄함에 압도된 섬이다.

마리아나 제도에서 괌과 함께 가장 중요한 역할을 하는 섬은 사이판(Saipan)이다. 이 화산섬은 남북의 길이가 27km, 동서로 3km~8km이며, 면적은 약 185km²이다. 대부분 산지로 이루어져 있고, 제일 높은 산은 490m이다. 해안은 비교적 넓은 평야로 이루어져 있다.

괌의 해양 생물과 연구

괌의 해양 생물 중에서도 가장 주목할 만한 것은 산호이다. 괌 수역은 열대성 기후로 인해 수온이 높고, 인구밀도가 낮아 해양 자연이 잘 보호되어 있다. 이로 인해 산호초가 활발하게 생육하는 환경이 조성되어 있다. 괌 수역의 산호초는 다른 해역보다 다양하게 서식하고 있어 산호 연구의 최적지를 제공한다.

연구 보고에 따르면, 필리핀 근해에는 500여 종, 괌 근해에는 275종, 하와이 수역에는 75종, 파나마 수역에는 11종의 산호가 관찰되고 있다. 필리핀 근해와 괌 근해는 같은 태평양 수역에 위치해 있다. 필리핀산 산호의 나이가 가장 많지만, 괌 산호의 나이는 10만 년에 달한다. 반면, 파나마의 산호는 6천 년밖에 되지 않아 흥미로운 생태학적 비교가 가능하다.

괌 바닷속에는 다양한 어류와 산호가 서식하고 있다.

　괌대학교의 산호 연구팀은 미국 본토를 비롯해 오키나와, 하와이 등의 연구소와 협력하고 있으며, 전문가 교류를 통해 연구가 활성화되어 있다. 괌대학교의 해양연구소에서 발간한 산호초 도감은 분류를 기반으로 그 장소의 서식 환경을 보여주는 원색의 분류 생태 사진이 뛰어나다. 열대 수역의 산호초 주위에는 다양한 종류의 어류가 서식하며, 화려한 색깔의 열대 어종도 많이 찾아볼 수 있다. 산호초는 지구상에서 생장 속도가 가장 빠른 동물로, 산호의 서식지는 각종 어류의 자연 어초 역할을 하여 수많은 해양 생물의 서식지가 된다. 이로 인해 먹이 사슬이 잘 발달한 곳이다.

괌의 해양 환경에는 다양한 크기의 어류가 많이 서식하고 있으며, 서식량도 풍부하다. 또한 원양성 어족이 먹이를 찾아 모여들어 생체량이 큰 참치류 자원이 풍부하다. 괌의 근해에는 청새치, 다랑어, 만새기, 꼬치고기 등을 비롯하여 880여 종의 어류가 서식하고 있다.

어류뿐만 아니라, 괌의 연안 수역에는 1,050여 종의 조개류도 서식하고 있다. 괌의 조개류 서식 환경은 과다한 채취나 극심한 수질 오염이 전혀 없어 자연환경이 그대로 유지되고 있다. 또한 비교적 넓은 조간대와 산호 환경은 조개류 서식에도 좋은 조건을 제공한다. 따라서 크기가 큰 패류도 서식하고 있다.

다른 한편으로 해조류는 약 200여 종이 서식하고 있다. 종의 다양성 면에서는 어류나 패류에 비해 적은 편이다. 이는 열대성 수역이어서 수온의 변화 폭이 적어 해조류의 서식 범위가 넓지 않기 때문이다. 실제로 괌은 깊은 바다 위에 떠 있는 작은 섬이며, 그 주변 서식지는 전체적으로 서식 면적이 작음을 주지할 필요가 있다.

참고 문헌

Imbert B. 1992. North pole, south pole. Journeys to the ends of the earth.

Discoveries Harry N Abrams, Inc., Puhlishers / NY. P.1-191

Kalman B. et Faris K., 1993. Arctic whales and whaling. Crabtrec Publishing Company / New York. p.1~57.

KIM K.-T., 1979. Contribution à l'étude de l'écosystème pélagique dans les parages de Carry-le-Rouet (Méditerranée nord-occidentale). 1. Caractères physiques et chimi ques du milieu. Téthys, 9(2) : 149~165.

KIM K.-T., 1980. Ibid. 2. ATP, pigments phytoplanctoniques et poids sestonique. Téthys, 9(3) : 215~233.

KIM K.-T., 1980. Ibid. 3. Composition spécifique, biomasse et production du microplanc ton. Téthys, 9(4) : 317~344.

KIM K.-T., 1981. Le phytoplancton de l'étang de Berre : Composition spécifique, biomasse et production : Relations avec les facteurs hydrologiques, les cours d'eau afférents et le milieu marin voisin (Méditerranée nord-occidentale). Thèse Doctorat d'Etat Univ. Aix-Marseille Ⅱ, 1~474.

KIM K.-T., 1982. Un aspect de l'écologie de l'étang de Berre (Méditerranée nord-occidentale) : les facteurs climatologiques et leur influence sur le régime hydrologi que. Bull. Musée Hist. nat. Marseille., 42 : 51~68.

KIM K.-T., 1982. La temperrature des eaux des étangs de Berre et

Vaine en relation avec celles des cours d'eau afférents et de milieu marin voisin (Méditerranée nord-occidentale). Téthys, 10(4) : 291~302.

KIM K.-T., 1988. La salinité et la densité des eaux des étangs de Berre et de Vaine (Méditerranée nord-occidentale). Relations avec les affluents et le milieu marine voisin. Marine Nature, 1(1) : 37~58.

KIM K.-T. et TRAVERS M., 1997. Les nutriments de l'étang de Berre et des milieux aquatiques contïgus (eaux douces, saumâtres et marines ; Méditerranée NW). 4. Les nitrites. Marine Nature, 5 : 65~78.

KIM K.-T., 1983. Production primaire pélagique de l'étang de Berre en 1977 et 1978. Comparaison avec le milieu marin (Méditerranée nord-occidentale). Mar. Biol., 73(3) : 325~341.

KIM K.-T., et Travers M., 1983. La transparence et la charge sestonique de l'Etang de Berre (Côte méditerranéenne française). Relation avec les affluents et le milieu marin voision. Hydrobiologia, 107 : 75~95.

KIM K.-T., et TRAVERS M., 1984. Le phytoplancton des étangs de Berre et Vaïne (Méditerranée nord-occidentale). Intern. Rev. ges. Hydrobiol., 69(3) : 361~388.

KIM K.-T., et TRAVERS M., 1985. Evolution de la composition spécifique du phytoplancton de l'étang de Berre (France). Rapp. Comm. int. Mer Médit., 29(4) : 97~99.

KIM K.-T., et TRAVERS M., 1985. L'étang de Berre : un bassin naturel de culture du phytoplancton. Rapp. Comm. Int. Mer Médit., 29(4) : 101~103.

KIM K.-T., et TRAVERS M., 1985. Relation entre transparence, seston et phytoplancton en mer et en eau saumâtre. Rapp. Comm. int. Mer Médit., 29(9) : 151~154.

TRAVERS M. et KIM K.-T., 1985. Comparaison entre plusieurs estimations de biomasse phytoplanctonique dans deux milieux très différents. Rapp. Comm. int. Mer Médit., 29(9) : 155~157.

KIM K.-T., et TRAVERS M., 1985. Apports de l'Arc à l'étang de Berre (Côte médi terranéenne française). Hydrologie, caractères physique et chimique. Ecologia Méditerranea, 11(2/3) : 25~40.

TRAVERS M. et KIM K.-T., 1985. Le phytoplancton apporté par l'Arc à l'étang de Berre (Côte méditerranéenne française) : dénombrements, composition spécifique, pigments et adénosine-5-triphosphate. Ecologia Méditerranea, 11(4) : 43~60.

TRAVERS M. et KIM K.-T., 1986. L'oxygène dissous dans une lagune eutrophisée à salinité variable (Etang de Berre; Méditerranée nord-occidentale) et dans les eaux douces et marines adjacentes. J. oceanol. Sci. Korea, 21(4) : 211~228.

TRAVERS M. et KIM K.-T., 1988. Le phytoplancton du Golfe de Fos (Méditerranée nord-occidentale). Marine Nature, 1(1) : 21~35.

TRAVERS M. et KIM K.-T., 1988. Caractères physiques et chimiques des étangs de Berre et Vaïne (Côte méditerranéenne française). Marine Nature, 1(1) : 97~98.

KIM K.-T., et TRAVERS M., 1988. Importance comparée des divers groupes taxonomiques dans les inventaires du phytoplancton de l'étang semi-estuarien de Berre et des milieux voisins marins et dulçaquicoles. Marine Nature, 1(1) : 99~101.

Kim K.-T. et al. 1989. Ecosystem on the Gulf of Yeongil in the East Sea of Korea. 4. Horizontal and Vertical distribution of salinity and density. Marine Nature, 2(1) : 95~110.

Kim K.-T. et al. 1989. Ecosystem on the Gulf of Yeongil in the East Sea of Korea. 5. Dissolved oxygen and rate of oxygen saturation. Marine Nature, 2(1) : 111~127.

KIM K.-T. et TRAVERS M., 1990. Un modéle intéressant : les étangs saumâtres de Berre et Vaine (Méditerranée nord-occidentale). L'hydrologie, le phytoplacton et la production. Marine Nature, 3(1) : 61~73.

KIM K.-T. et TRAVERS M., 1995. Utilité des mesures dimensionnelles et des calculs de surface et biovolume du phytoplancton : comparaisons entre deux ecosystèmes différents. Marine Nature, 4 : 43~71.

KIM K.-T. et TRAVERS M., 1995. Apport de l'étude des chlorophylles et phéopigments à la connaissance du phytoplancton de l'étang de Berre et des eaux douces ou marines voisines (Méditerranée nord-occidentale). Marine Nature, 4 : 73~105.

KIM K.-T. et TRAVERS M., 1995. Dosage d'ATP planctonique dans trois milieux aquatiques différents : comparaisons avec les estimations pigmentaires et microscopiques du phytoplancton. Marine Nature, 4 : 107~125.

KIM K.-T. et TRAVERS M., 1997. Les nutriments de l'étang de Berre et des milieux aquatiques contïgus (eaux douces, saumâtres et marines ; Méditerranée NW). 2. Les nitrates. Marine Nature, 5 : 35~48.

KIM K.-T. et TRAVERS M., 1997. Les nutriments de l'étang de Berre et des milieux aquatiques contïgus (eaux douces, saumâtres et marines ; Méditerranée NW). 4. Les nitrites. Marine Nature, 5 : 65~78.

Remmert H., 1980. Arctic animal ecology. Springer-Verlag Berlin/ Heidelberg/ New York. p.1~250.

Swanny, D., 1999. The Artic. Lonely Pblication Pty Ltd, 1-456.

Thunberg, G., 2022. The Climate Book Created by Greta Thunberg, Kawase shobo shinsha(河出書房新社), 1-446.

TRAVERS M. et KIM K.-T., 1990. Le pH et l'alcalinité de l'étang de Berre (Méditerranée nord-occidentale). Comparaison avec les cours d'eaux afférents et le milieu marin voisin. Marine Nature, 3(1) : 75~84.

TRAVERS M. et KIM K.-T., 1997. Les nutriments de l'étang de Berre et des milieux aquatiques contïgus (eaux douces, saumâtres et marines ; Méditerranée NW). 1. Les phosphates. Marine Nature, 5 : 21~34.

TRAVERS M. et KIM K.-T., 1997. Les nutriments de l'étang de Berre et des milieux aquatiques contïgus (eaux douces, saumâtres et marines ; Méditerranée NW). 3. Rapport N/P($N-NO_3/P-PO_4$). Marine Nature, 5 : 49~64.

TRAVERS M. et KIM K.-T., 1997. Les nutriments de l'étang de Berre et des milieux aquatiques contïgus (eaux douces, saumâtres et marines ; Méditerranée NW). 5. Les Silicates. Marine Nature, 5 : 79~91.

Watanabe, M., 2018. An Illustrated Guide to Global Warming. Koudansya(講談社), 1-185.

김기태, 1992, 『東海 南部 海域의 硏究』, 영남대 출판부, 1~260쪽.

김기태, 1993, 『海洋, 生産과 汚染』, 영남대 출판부, 1~219쪽.

김기태, 1993, 『內水 및 河口 生態學』, 영남대 출판부, 1~258쪽.

김기태, 1994, 『地中海岸의 에땅 드 베르湖의 硏究(I)』, 영남대 출판부,

1~251쪽.

김기태, 1993. 해양, 생산과 오염. 영남대 출판부. 1~219쪽

김기태, 1999,『건강과 바다』, 양문 출판사, 1~268쪽.

김기태, 2002,『지중해안의 에땅 드 베르 湖의 硏究(Ⅱ)』, 영남대 출판부, 1~350쪽.

김기태, 2007,『독도와 동해연구』, 탐구당, 2 1~239쪽.

김기태, 2008,『세계의 바다와 해양 생물』, 채륜출판사, 1~462쪽.

김기태, 2016,『세계의 다양한 생태계와 생물』, 채륜출판사, 1~359쪽.

김기태, 2016, 독도,『바다 자연과 지리적 중요성』, 탐구당, 1~222쪽.

김기태, 2018,『새로워진 세계의 바다와 해양 생물』개정판, 채륜출판사, 1~426쪽.

김기태, 2023,『독도의 해양생태계 및 국제 관계』, 희담출판사, 1~352쪽.

김기태, 2024,『초록지구. 지구의 다양한 생태환경과 탄소중립』, 희담출판사, 1~352쪽.

김기태, 1990,「대만의 자연, 바다와 수산업」,『현대해양』, 244 : 50~53쪽.

김기태, 1990,「대만의 자연, 바다와 수산업」,『현대해양』, 245 : 59~63쪽.

김기태, 1990,「南美, 우루과이강의 자연과 초어잡이」,『현대해양』, 246 : 61~64쪽.

김기태, 1990,「南美, 우루과이강의 자연과 초어잡이」,『현대해양』, 247 : 116~120쪽.

김기태, 1990,「海岸 資源의 寶庫, 아르헨티나의 바다, 자연, 풍토」,『어항』, 13 : 94~100쪽.

김기태, 1991,「南美, 파라나강의 자연과 자원」,『현대해양』, 250 : 110~113쪽.

김기태, 1991, 「南美, 파라나강의 三角洲와 生物資源(1)」, 『현대해양』, 251 : 118~122쪽.

김기태, 1991, 「南美, 파라나강의 三角洲와 生物資源(2)」, 『현대해양』, 252 : 114~117쪽.

김기태, 1991, 「佛蘭西, 地中海邊의 自然과 海洋研究所」, 『현대해양』, 255 : 116~122쪽.

김기태, 1992, 「Africa의 황금어장, 모리타니 海域」, 『수산계』, 39 : 69~79쪽.

김기태, 1992, 「모리타니의 水産業과 生活風土」, 『수산계』, 41 : 109~118쪽.

김기태, 1993, 「南美, 라쁠라따(La Plata)강의 自然과 河口 生産性」, 『새어민』, 302 : 121~123쪽.

김기태, 1993, 「阿洲, 세네갈강의 下流 自然」, 『자연보호』, 16(4) : 20~22쪽.

김기태, 1993, 「대만의 하천과 하구 자연」, 『새어민』, 303 : 82~84쪽.

김기태, 1993, 「프랑스, 地中海岸의 다양한 생태계 研究」, 『자연보존』, 83 : 27~32쪽.

김기태, 1994, 「大西洋의 참다랑어 자원」, 『현대해양』, 287 : 76~78쪽.

김기태, 1994, 「大西洋, 카나리아 군도의 자원과 수산자원」, 『자연보존』, 85 : 21~25쪽.

김기태, 1994, 「괌(Guam)의 바다와 海洋生物」, 『현대해양』, 290 : 84~88쪽.

김기태, 1995, 「북극권의 自然과 生物」, 『현대해양』, 303 : 44~48쪽.

김기태, 1995, 「남극권의 自然과 生物資源」, 『현대해양』, 304 : 85~90쪽.

김기태, 1995, 「美 東部, 체사피크만(Chesapeake Bay)의 自然과 水質」, 『자연보존』, 91 : 1~6쪽.

김기태, 1995, 「하와이 群島의 自然과 海洋生物」, 『현대해양』, 306 : 86~91쪽.

김기태, 1995, 「美, 太平洋의 海岸自然과 文化」, 『현대해양』, 307 : 130~135

쪽.

김기태, 1995, 「美, 大西洋의 海岸自然과 文化」, 『수산계』, 56 : 82~88쪽.

김기태, 1995, 「프랑스, 大西洋 海岸의 自然과 生物」, 『현대해양』, 308 : 124~129쪽.

김기태, 1996, 「영불해협의 自然과 海洋生物」, 『현대해양』, 312 : 140~144쪽.

김기태, 1996, 「美國의 水自然과 資源」, 『수산계』, 59 : 84~96쪽.

김기태, 1997, 「체사피크만(Chesapeake Bay)으로 流入되는 James江, York江, Rappahanock江의 自然과 水質」, 『수산계』, 62 : 84~92쪽.

김기태, 1998, 「아드리아해와 물의 도시, 베네치아」, 『현대해양』, 338 : 110~112쪽.

김기태, 1998, 「발트해(Baltic Sea)의 자연」, 『현대해양』, 340 : 104~106쪽.

김기태, 1998, 「노르웨이의 바다와 피오르 자연」, 『현대해양』, 341 : 104~106쪽.

김기태, 2001, 「싱가폴 해역의 자연과 생물」, 『현대해양』, 372 : 86~89쪽.

찾아보기

ㄱ

강원도 285, 309
갯벌 46-48, 108, 167, 241, 261, 277, 319, 320
괌 67, 327, 341, 366, 376-377, 380, 386-391
광합성 38, 43, 48, 52, 60, 189, 197
구아나바라만 201-202
규슈 58, 298-299, 301, 305, 313
그리스 112-113, 115, 117-118
기후변화 29, 32, 53, 68, 85, 153, 156, 158, 195-196, 288

ㄴ

남극 바다 91, 93, 207, 231, 268, 371
남극 31, 36, 44, 86-87, 89, 93, 203-205, 207, 231, 235, 368, 370-371
남미 24, 35, 87, 90, 125, 128, 175-176, 200, 202-204
남아프리카공화국 55-56, 181, 230, 235
남중국해 262
남태평양 67, 70, 366, 368, 370-371
남해 277, 284-285
냐짱 323-324
노르웨이 34, 77-78, 86, 137, 139, 145-147, 155, 168, 195, 242, 373

노르웨이해 144-145
뉴질랜드 22, 368-374

ㄷ

담수 29, 49, 50, 102, 136, 169-170, 188, 190, 192, 196, 200-201, 256, 261, 264, 266, 268, 297, 311, 319-320, 352
대서양 32, 33-34, 37-39, 49-50, 55-57, 77-78, 87, 98, 101, 107, 124, 145, 153, 161, 163, 166-169, 174-175, 181-186, 188-195, 197, 200-201, 203, 208, 219-220, 226, 230-233, 291
대한민국 242, 277
덴마크 77, 135-140, 145, 349
독도 57-59, 289, 291, 296
독일 47, 135, 139, 145, 171, 220, 368, 386
동중국해 312-314
동해 80, 277, 285-287, 289, 293, 295-296, 348, 350

ㄹ

라니냐 35-36
라플라타강 49-50, 203
러시아 77-78, 135-136, 144-145,

293-294, 348-349

ㅁ

마라도 280-283, 285, 288
마르마라해 113, 119
마리아나 제도 387-389
말레이시아 314, 327, 333
먹이사슬 51, 102, 217, 334, 346, 350
멕시코 만류 25, 27, 28 32-34, 36, 103, 145, 147, 153-157, 161-163, 166-169, 174, 195-196, 208-209
멕시코만 32, 167, 193-196, 208-209
모리타니 217, 222-224, 226-227
몬터레이 354-358
몰디브 64, 66, 244, 247-249, 251-252, 341
문섬 59, 284
미국 22, 32, 77-78, 169, 181-184, 186, 190-191, 194, 196, 285, 303, 330, 349, 351-352, 354, 360, 368, 376, 386, 390
미얀마 239-243, 325

ㅂ

발리섬 24, 338-339, 341-343
발트해 135-142, 145
발해만 311-312, 319
베링해 349-350
북극 27-29, 31, 33 36, 44, 77, 79-81, 83, 87, 145-146, 153-155, 157, 161, 167, 169, 195-196, 345-346, 370
북극해 27, 77-78, 80-83, 135-136, 144-145, 153, 155, 346, 348-349
북태평양 204, 351, 376
북해 47, 135-136, 144-145, 166-168, 171
브라질 49, 99, 176, 181, 200-201
빙하 28-29, 31, 77, 79, 83, 146-147, 153, 155-156, 167, 169, 195-196, 346, 373

ㅅ

사르가소해 56-57
사막 28, 37, 38, 53, 72-73, 120, 122, 125-127, 158, 188, 217, 219, 222-224, 261, 265-266, 268, 269, 367
사우디아라비아 257, 270
사해 43
샌디에이고 351, 358, 360-361
산호 63, 65-66, 68-69, 282, 291-292, 302, 381-382, 387, 389, 390
산호초 29, 34, 53, 63, 64-68, 69-70, 72, 196-197, 209-210, 247-249, 252, 256, 264, 266-267, 277, 282, 292-293, 302, 304, 317, 323-324, 327, 329, 333-335, 340-341, 365, 369, 371, 379-382, 390, 391
상하이 312, 317-318
샌프란시스코 351-352, 353-354, 358
서해 48, 277, 289, 311, 312-313, 317,

319, 320
세부 326-330
세토내해 305-307
소말리아 253, 254, 257, 270
수에즈 운하 115, 120, 124-126. 253, 255, 269
수온 34, 36, 44, 69, 87, 121, 124, 156, 166, 184, 231, 233, 245, 247, 256, 259, 265, 313, 315, 329, 333, 340, 350, 352, 377, 379, 380, 381, 387, 389, 391
수증기 21, 22, 27, 34, 298, 300, 338
술라웨시해 329
술루해 327, 329
스리랑카 244, 247, 249-252
스웨덴 56, 135, 137, 138-139, 141-142, 144
스코틀랜드 162, 165-166
시나이반도 124, 268-270
시코쿠 305-306

o

아덴만 57, 255-256, 258, 265, 269
아라비아해 244, 255-258
아랍에미리트 260-262
아르헨티나 50, 87-88, 90, 181, 200, 203-205
아마존강 37, 49, 200-201
아메리카 98 24, 181, 219
아시아 24, 51, 118, 239, 264, 270

아이슬란드 23-24, 27, 29, 34, 87, 145, 153-157, 161, 163, 168, 195-196
아일랜드 27, 154, 161-163, 166, 168
아일랜드해 161, 166
아프리카 28, 33, 50, 55, 125, 174-176,, 181, 217, 219-220, 227, 230, 231-232, 235, 254, 264, 269-270, 357
알래스카 78, 79-80, 83, 145, 349, 351, 373
알렉산드리아 120-123, 126
양쯔강 51, 313, 317, 318
어획 79-80, 83, 88, 103, 145, 155, 167, 204, 220, 225, 286, 294, 296, 347-348, 350, 355
에게해 113-115, 119
엘니뇨 35-36
열대 해역 34, 44, 63-64, 66, 157, 196, 232, 259, 264, 266, 323-324, 326, 369
염도 33, 34, 36, 43, 44, 124, 136, 169, 189, 192, 233, 265, 306, 311, 352
영국 27, 87, 97, 139, 145, 161-162, 163-164, 168, 181, 205, 235, 241-242, 262, 285, 305, 354, 368, 371
영불 해협 27, 57, 103, 161-162, 168
오만 257-258,
오만만 255, 259-260
오세아니아 365, 367
오키나와 301-304, 313, 390
오호츠크해 293, 345-348

온난화　27, 29-31, 36, 53, 54, 68, 73, 169, 195, 288, 292
용승　33, 35, 37, 38, 39, 55, 224, 231
우즈홀　182-183, 360
원소　21, 45, 63, 346
유럽　27-29, 32-33, 51, 97, 101, 104, 105, 113, 118, 125, 136, 137, 155, 161, 163, 165, 168-169, 181, 195-196, 217, 219, 225, 247, 309, 330
이스라엘　270-271
이오니아해　104, 107, 113-115
이집트　120, 121-122, 124-128, 269
이탈리아　26, 47, 98, 104-107, 110-111, 115
인도　26, 175, 239, 241, 244, 249, 251, 255-256, 257
인도네시아　24-26, 66, 314, 338, 342, 366
인도양　29, 55, 68, 70, 87, 230, 231-233, 244, 245-246, 249-253, 255, 257, 259, 268 339, 341, 369
일본　22, 24, 58, 204, 220, 225, 281, 285, 292-293, 294, 295-296, 298-301, 305, 307, 309, 313, 345, 348, 383, 386

ㅈ

장자제　320-321
제주도　58-59, 62, 277-281, 283-284, 288-289, 291, 294, 313, 342, 343, 378
중국　62, 277, 285, 292, 311-320
지각운동　24, 26, 345-365
지중해　50, 83 98, 101, 102 104, 107 109, 110, 111, 113, 115, 119, 120, 122, 124-126, 139, 174-175, 227, 253, 268-269, 291
지진　24-26, 249, 305-306, 327, 338, 365

ㅋ

카나리아 군도　218-220
카디스만　174
카리브해　63, 193-196, 208-211
카이로　120, 126, 128
캄차카반도　25, 345-346, 348
캘리포니아만　193
켈트해　161
코르테스해　193
코타키나발루　327-328, 333, 335-336
쿠릴열도　293-294
쿠바　99, 193-198, 208-209

ㅌ

탄산가스　30-31, 47-48, 52-54, 60, 62-63, 66, 68-70, 73, 233, 365
태평양　29, 35, 43-44, 53, 66-68, 78, 87, 181-182, 193-194, 277, 285, 291, 293, 301, 313-315, 317, 326, 345-346, 348-349, 351-352, 354,

358, 365, 366, 368-369, 378, 389
템스강 169-170
튀르키예 113, 118

ㅍ

페르시아만 255-260, 262-263
푸에고섬 87-91, 204, 206
플랑크톤 38-39, 51-54, 69, 102, 189, 217-218, 223, 290, 346, 352
피오르 56, 144-148, 153-154, 370, 373-375
핀란드 135-136, 141-142, 144
필리핀 67, 314-315, 326-327, 330, 380, 389
필리핀해 386

ㅎ

하와이 군도 376-377, 380, 382 385
하와이 24-25, 53, 67, 315, 372, 376-381, 389-390
항저우 312, 317-318
해구 327, 345, 386, 388
해류 28-29, 32-34, 37, 39, 45, 55, 57, 59, 154, 161, 163, 166, 174-175, 189, 195-196, 208, 222-223, 231-233, 245-246, 277, 280, 282, 312-313, 316, 333, 339-340, 348, 352, 369, 371
해수 29, 33, 35-36, 39, 43-45, 49-50, 121, 145, 169-170, 189-190, 194, 196, 201, 209, 217, 261, 266, 285, 288, 290, 297, 303, 306, 311-312, 340, 346, 348, 352, 383
해수면 29, 31, 52, 57, 60, 148-149, 233, 249, 289, 306, 316
해양 생태계 34, 37-39, 43, 45, 63, 67, 71-72, 194, 223, 239, 256, 289, 327, 328, 333, 381
해양오염 53, 68, 71, 72, 73, 187, 291
해조류 39, 52, 53, 54-62, 72-73, 109, 163, 167, 226, 228, 233, 256-257, 269, 281, 291-292, 316, 328, 330, 354, 356-357, 359, 368, 382-383, 385, 391
해중림 38, 52-57, 59, 73, 231, 291
호르무즈 해협 255, 259-260, 262, 372
호주 69, 367-369
혼슈 293, 301, 305-306, 308-309
홋카이도 293-294, 301, 345, 348
홍해 57, 120, 122, 124, 253, 255, 256, 264-272
환태평양 24, 305, 326, 345

에필로그

풍파의 난간에서

바다에서 일을 하거나 실험을 하는 사람이라면 바람과 파도의 위력에 관해서 수시로 그 변화를 경험하게 된다. 배를 타고 폭풍이 일어나는 망망대해의 난간에 서 본 사람은 바닷바람이 얼마나 위협적이며 위험한 것인지를 알고 있다. 강풍으로 일어나는 높은 파도는 아무리 큰 배라도 금방 뒤집어 버릴 것 같은 위력이 있다. 이러한 환경은 마치 백척간두에서 몰아치는 폭풍을 맞는 것이나 다름없다.

원양어선을 타고 조업을 하다가 풍파에 휩싸이는 것은 어쩔 수 없는 일이며, 비일비재하게 일어나는 일이다. 어부들은 거친 바다에 적응이 되어 있고 굳건한 체력과 의지를 지니고 있지만, 때로는 한순간의 실족으로 거센 물결의 바다에 떨어지는 경우도 있다. 그럴 때는 인력으로 헤쳐 나갈 수 없는 긴급한 상황이 된다. 그러나 이런 때도 의리가 있는 동료가 있다면 그 험한 바닷속으로 뛰어 들어 그를 구출하는 경우도 있다. 바로 이런 것이 은혜이다. 그래서 하나님이 계시고 구원자가 있는 것이다.

풍파라는 것은 바다에만 있는 것이 아니고 우리가 살아가는 도처에 있다. 집안에서, 직장에서, 이웃끼리 또는 친지 사이에도 있다. 실제로 고질적인 지방색과 조폭 수준의 패거리에 시달리는 사람들이 드물지 않다. 이러한 것은 범죄이지만 손대기 쉽지 않은 인생살이의 한 부분이다.

살다 보면 누구나 생로병사의 단계를 거치면서 백팔번뇌의 변화를 경험하게 된다. 때때는 여러 가지 고난과 시련 그리고 풍파에 시달린다. 혹은 온 힘을 다하여 병마와 싸우는 경우도 있다. 어찌 보면 이런 것을 견디며 살아가는 것이 인생이다.

삶의 희노애락은 직물의 올처럼 짜여져 그 속에 인생의 고락이 들어 있다. 이와는 대조적으로 어떤 경우에는 온실 속의 꽃처럼 안락하고 편안하게 사는 사람도 있다. 그러나 그 속에서도 찻잔의 물결처럼 기복이 있게 마련이다.

나이의 고하를 불문하고 한 생명이 삶을 유지하기 위해서는 많은 스트레스를 견뎌야 한다. 천파만파를 겪으면서 80여 년을 살아 온 사람이라면 이제야 허리 펴고 살 만한 형편이 되었다고 하나, 활력이 떨어져서 아무것도 할 수 없는 무력함도 함께 찾아온다.

우리가 살아가는 지역 또는 직장을 하나의 배라고 한다면 지금 우리는 순풍에 돛을 달고 있는 것인지, 눈앞의 풍파를 대비해야 하는지 아니면 풍파 속에 휘말려 있는지를 인지할 필요가 있다. 바닷속이든 인생살이든 풍파는 어디에나 있기 마련이기 때문이다.

바다, 바다…

바닷물에는 모든 원소가 다 들어 있고
유구한 세월과 같이 흘러서 간다
무소불위한 능력을 발휘하는 바다.

걸쭉한 반죽 같은 바닷물 속의
오묘한 조합으로 생명이 만들어 지고
화려한 산호초 세상도 만들어 진다.

화산이나 지진도 물 속에서 대폭발을 하여
수십 미터나 되는 가공할 파도를 만들고
해일이 일어나서 해변을 덮치기도 한다.

평온하게 보이는 바다!
큰 물 덩어리가 기침을 하면
허리케인 또는 태풍이 일어
온 세상을 거칠게 몰아친다.

물의 온도가 1℃라도 높아지면
지구상의 습도는 몇 배나 올라가

한 여름의 숨 막히는 더위도
겨울의 살을 에이는 추위도 만든다.

바다는 사람들의 먼먼 세월의 모태
부드러우며 인자하기도 하며
인간의 갖은 대소사를 포용한다.

영일만

푸르고 아름다웠던 고향 바다
온갖 해양생물이 뛰어놀던 곳.
맑은 하늘, 넘실거리는 푸른 물결
보는 것만으로도 신바람이 났다.

물속의 미역, 다시마는 어디 있나?
등 굽은 물고기 모습만 보이네!
그 동안 바다는 사막이 되었다.

어찌된 조화 속인가
하늘을 덮고 있는 먹구름에게
쓸쓸하게 철썩이는 바닷물에게
지나간 사연 물어보고 싶네.

한해 두해 세월이 흐르면서
산란하러 오던 물고기는 피해가고
놀다 가던 물고기 떼도 발을 끊으며
언젠가 부터는 비구름도 피해가는구려!

고향 떠나 살던 사람들
명사십리 맑고도 고운모래를
진미의 풍요롭던 해산물을
싱싱하던 물고기 맛을 어찌 잊겠는가.

바다 위에 떠도는 포항 갈매기도
그 때 그 시절, 고향 그리워하네!

의식전환이 필요하다

우리가 살아가는 민주주의는 인격, 다시 말해서 개개인의 마음이 존중되는 제도이다. 언(言)과 행(行)에 나타나는 품격을 인격이라고 한다. 현실적으로 우리가 겪고 있는 권위주의의 잔재로부터 민주화 과정은 심한 진통이 불가피했나 보다. 무엇보다도 민주주의의 역사적 뿌리가 짧고 전통이 빈약하며, 양식이 부족하여 말이 많고 시끄러우며, 시행착오나 탈선이 한두 가지가 아니다. 한 마디로 무법천지의 폭력이 난무하는 경우가 비일비재하다. 여기에, 보여지지 않는 패거리들의 집단폭행이 구석구석에서 자행되고 있다.

민주주의의 장점은 합리적인 다수결에 있다. 그러기 위해서는 각 계각층의 개개인이 적재적소(適材適所)에 앉아서 올바른 목소리를 내야 한다. 그런데 인맥과 비리가 끼어들어 다수를 이루는 집단은 언제나 무질서와 시끄러운 문제를 발생시키곤 한다.

중요한 것은 엉터리 머리 숫자에 따른 다수결이 아니고, 진실성에 접근하는 노력이다. 말이 많아도 신사적이어야 한다. 이것이 바로 민주주의의 상식이다.

우리 사회의 문제는 무엇보다도 잘못된 비리로 만연되어 있다는 점이다. 자기가 앉아 있어서는 안되는 엉뚱한 곳에서 큰 소리를 내는 것이다. 더욱 재미있는 것은 비리의 농도가 짙을수록 겸손하기는 커녕 공격적이고, 나아가서는 교묘하게 그것을 합리화시키며, 각종 인맥을 규합하여 덩어리로 집단행동을 한다.

　다음은 너무나 당연한 사실이 무시되는 경우라고 하겠다. "살인하지 말라"는 흔히 돌로 쳐서, 칼로 찔러서, 총으로 쏘아서 육신을 죽이지 말라는 것으로만 이해된다. 그러나 이것은 육체적 살인 행위를 말할 뿐만 아니라, 인격 또는 정신적인 심성을 무시하지 말고 다른 사람의 인격을 존중하라는 것이다. "간음하지 말라"는 성추행뿐만 아니라, 생활에서 간교하고 간사하지 말라는 말이다. 남녀 사이의 성적(性的) 잡(雜)스러움뿐만 아니라, 실생활에서 흔들리는 갈대처럼 이해득실만 따르지 말고 믿음과 신의를 지키라는 말이기도 하다.

　사람이란 정신적인 면과 육체적인 면이 조화롭게 어울려야 하는 존재다. 다시 말해서 우리 몸은 물질적인 것(Concrete science : 형이하학)과 정신적인 것(Metaphysics : 형이상학)으로 분리되어 이루어진 것이 아니다. 사람의 인격은 마음에서 비롯하여 육신으로 실천한다. 눈으로 보이지 않는 인격도 육체의 구성체이다. 따라서 마음에도 에너지의 흐름이 있고, 자연의 이법(理法)이 깃들어 있다.

　눈에 보이지도 않고 손으로 만져지지도 않는 마음을 누가 헤아릴 수가 있으랴. 마음이 천근이면 육신은 백근이나 될까. 일상적인 진선미추(眞善美醜)와 권선징악(勸善懲惡) 같은 마음은 접어두고라도 노골적으로 뛰는 사람의 발을 걸어 넘어뜨리는 야만적 행위를 즐기며 살아가는 부류도 있다.

목소리가 크다고, 덩어리로 뭉쳤다고, 기득권이 있다고 해서 누구나 지녀야하는 기본적인 양식과 비판의 기준을 제쳐놓아도 좋은 것은 아니다. 누구나 잘잘못의 시비는 가릴 줄 알아야 한다. 저 아프리카의 어느 마을 추장이 거느리고 있는 집단 같아서야 되겠는가.

인사(人事)가 만사(萬事)이다. 어느 집단이든 잘못 짜여진 구성원들이 다수결이라는 무기를 휘두르며 폭력을 일삼는 분위기는 청산되어야 한다. 여기서부터 민주주의가 바로 서야 한다.

우리 사회의 병폐 중의 하나도, 합리적이어야 하는 상아탑이라는 사회가 절묘하게 모순을 흡인하여 비리의 온상이 된 것은 놀랍다. 학맥, 인맥, 지연에 따른 교수 임용의 불공정은 잘 알려진 사실이기도 하다.

이런 집단은 고의적으로 모순과 악덕을 일삼는다. 시류에 따라 편하게 살기 위하여 또는 이권을 위하여 얼굴 한번 붉히는 법 없이 뒷골목에서 주먹질을 하듯이 백주에 보이지 않는 주먹질을 하며 활보하는 패거리가 있다.

잘못 끼워진 단추는 다시 끼워야 한다. 잘못 놓아진 주춧돌은 다시 놓아야 한다. 악화가 양화를 구축해서는 안 된다. 현실적으로 시의적절(時宜適切)한 말이다. 지금까지는 거짓과 위선의 다수결이 만사형통이었다. 비가 온 후에 날이 개듯이 어둠이 지나가야 밝은 세상이 온다. 분명한 사실은 지금보다 나은 사회로 발전하기 위해서 우리는 합리적으로 생각하는 방법을 배워야 한다는 것이다. 사람마다 양심을 지키는 의식전환(意識轉換)이 필요하다.

냉정과 의리

콩고물 나라에서처럼
봐주는 것이 어디 있냐
도너츠 하나
공짜로 얻어먹는 것이 어디 있냐.

서양의 어느 나라 사람들은
오로지 법과 규정
그리고 계약에 따라
주어진 일만 하면 된다.

온정이나 배려는 거의 없으며
일상의 고통이나 기쁨의 나눔도 없다
다만 수고의 대가만 철저하다.

우리는 눈만 실근 감을 줄 알면
큰 덩어리도 반쯤 나누어 먹는 일은
여반장 같이 쉬운 나라이다.

정이 무엇인지

의리가 무엇인지
사나이의 한 세상
갈길 안갈길 같이 간다.

이 나라의 정서는
낚시 바늘에 걸려도
나란히 걸리니
외로움이 없어 좋다.

추억의 열차를 타고

봄이 오면
온 세상 갈 곳이 많은데
수많은 예쁜 꽃이 피어나고
꽃과 눈을 맞추자니 바쁘고
일을 하자니 땀이 흐른다.

매일 밭에서 서성이며
세월 가는 줄 모르는
농부의 신세는 고되기만 하다.

즐겁게 사는 게 별것인가요.
이것저것 먹어보고
여기저기 구경하는 것이지요.

이런 재난의 봄철에는
추억의 열차를 타고
온 세상을 누비는 것이 안성맞춤이다.

카리브해로 갔다가

홍해로 갔다가
뜨거운 사하라 사막에도 가자!

시원한 이과수도 보고
산 높고 물 맑은 구채구
로키산맥에서도 걸어보자.

빙하에도 올라가고
템스 강의 아이콘도 보자
세상에는 볼 것도 많고
아름다운 것이 참 많다.

블루 오션

흥망의 윤회

일제 강점기는 그야말로 조선의 사회제도를 돌 하나 위에 돌 하나가 없도록 싹 갈아엎었다. 그 당시 양반의 세도가 사회 전체를 뒤덮고 있던 상황에서 자체적으로는 어떠한 개혁도 불가능했을 것이다. 무엇보다도 양반과 천민의 철벽 같은 괴리가 없어지기는 힘들었을 것이다. 이러한 상황에서 일제는 조선의 계급사회(階級社會)를 허물어트렸고 양반과 천민사이의 계층을 없애는 천지개벽(天地開闢)의 변화가 불가피하였다.

상민, 천민 또는 머슴이나 백정 같은 계층에는 나라의 흥망성쇠(興亡盛衰)에 관심이 없고 일구월심(日久月深) 바라던 소원은 자유와 평등이었을 것이다. 그들은 입에 풀칠이나 하며 한 세상 살아가는 숙명으로 여겼는데 새로운 대명천지(大明天地)의 사회가 이루어졌다고 했을 것 같다.

조선 백성들에게 일제 강점기 35년이란 모세가 이스라엘 민족과 광야에서 40여 년 생활한 것이나 비슷하다. 이 기간은 오로지 일본의 압박에서 벗어나려는 몸부림의 시기였다. 독립은 무망하였고 민족 자체가 사라질 정도로 탄압을 받은 시기였다.

그 당시 어느 누구도 자력으로 독립을 쟁취할 것이라고는 예측하지 못했다. 민족의 힘이 압살되었기 때문이다. 따라서 독립이란 밀물처럼 밀려와 하늘이 내려준 선물이나 다름없다. 그야말로 하나님이 보호하사 우리나라 독립 만세였다.

그러나 독립의 환희는 남북의 분단이라는 민족비극의 화살로 다가왔다. 2차 대전의 결말은 강대국이 한반도를 남북으로 갈라놓으며 통한의 아픔을 약소민족인 우리에게 온전히 안겨놓은 것이다. 전쟁의 한쪽 승자였던 소련은 징용으로 끌려가서 포로가 된 우리민족을 나치의 아우슈비츠에서 했던 것과 같이 잔혹하게 다루었다. 나라가 없는 민족에게 이런 잔혹한 통한의 비애를 누가 헤아릴 수 있었겠는가. 이 아픔을 딛고 일어난 것이 대한민국이다.

북한 공산당은 1950년 6월25일 불시에 남한을 점령하려고 탱크를 앞장 세우고 물밀듯이 쳐들어왔다. 서울이 3일 만에 함락되고 전국토는 피바다로 변했다. 이때, 미국을 위시하여 16개국의 연합군은 자유민주주의를 수호하기 위하여 반격을 하였으나 소련과 중공이 치열하게 맞서서 결국 38선이라는 철의 장막이 생기고 만 것이다.

이 전쟁은 동족상잔(同族相殘)의 내전으로 수백만의 고귀한 목숨이 희생되었으며 수많은 부상자의 단발마와 같은 고통과 기아로 목불인견(目不忍見)의 상황이었다. 광복의 기쁨은 한순간뿐이었다.

이 좋은 삼천리 금수강산(錦繡江山)에 어처구니없는 비극이 어떻게 일어날 수가 있는가. 그 원인을 살펴보면 조선왕조의 절대 무능과 무식에서 비롯되었다. 왕을 비롯하여 왕족, 고관대작(高官大爵)들은 부정부패(不正腐敗)와 불의 속에서 나라 경영에 나태했고 국제 감각에 무심했던 것이다. 그래서 온 백성은 일제의 압제를 피할 수 없었다.

조선은 한일합방조약으로 혹독한 시련과 함께 모든 사회제도가 무너지면서 평등사회가 이루어졌으나 온 민족이 식민지의 노예로 전락하였다. 이렇게 철저하게 파괴된 조선의 터전에 새로운 패러다임의 시대를 열면서 자유 민주주의의 대한민국이 탄생하게 되었고, 또 한 차례의 혹독한 6·25전쟁을 치루게 된 것이다. 이 불쌍한 나라와 민족을 우방은 적극적으로 지원해 주었으며 국민의 분발로 비약적인 발전을 이룩하였다. 자유를 기반으로 한 민족의 무한한 창의력이 발현된 것이다.

세계적으로 가장 처참하고 가난했던 무산의 대한민국이 불과 70여 년 만에 경제와 과학기술에 있어서 세계 10위권으로 우뚝 솟은 것이다. 전 세계인들이 경탄하면서 우러러보는 나라가 되었다. 참으로 대단한 흥망성쇠(興亡盛衰)의 양극이 아닐 수 없다.

제2차 대전 시에 히틀러는 유대인의 재벌로부터 지원을 받기로 되었으나 유대인은 히틀러의 패전을 내다보고 연합국을 지원하였다. 이에 대한 보복으로 히틀러는 전대미문(前代未聞)의 잔혹한 방법으로 유대인의 씨를 말리듯이 학살하였다. 지구가 생기고 인간이 지상에 나타난 이래 가장 참혹한 짓을 한 것이다. 그 현장을 폴란드의 아우슈비츠에서 볼 수 있다.

  이차대전은 유대인에게 전멸에 가까운 수난이었으나 전승한 영국과 연합국은 2,500여 년 동안 나라 없이 전 세계에 이리저리 흩어져 살던 유대인에게 나라를 세우게 하였다. 유대인의 피의 댓가가 바로 국가가 된 것이다. 이스라엘 민족은 전쟁에서는 승리뿐이라는 것을 알고 있었다. 방대한 크기의 아랍국가들에 비하면 영토나 인구의 수효가 비교도 안될 만큼 작다. 그러나 막대한 경제력과 군사력으로 아무도 범접할 수 없는 강대국이 되었다.

  우리는 지금 조지 오웰의 『1984』에서처럼 인성을 말살하려는 공산주의의 빅브라더를 상기하지 않을 수 없다. 인간이 인간으로 살아가는 가장 기본적인 본능까지 통제되고 있는 것이다. 그리고 사랑도 이념의 도구에 불과하며 진실이 전혀 없는 거짓의 세상에 인간의 존재는 무엇인가. 『동물농장』 또는 『파리와 런던의 따라지인생』 같은 풍자소설과 밑바닥 인생의 삶을 음미해 볼 필요가 있다. 인간 사회나 동물의 세상에서 반란을 일으키는 생태적 요소는 얼마든지 있다. 지금 우리 사회는 이런 요소를 다분히 가지고 있다.

　1940년 대에 출간된 오웰의 이러한 소설은 오늘 날 우리가 겪고 있는 현실을 예견이라도 한 듯하다. 또한 역사는 어리석은 국민들은 나쁜 지도자를 만나게 되고 국가의 멸망이나 존폐는 마치 밀물처럼 덮친다는 것을 보여주고 있다.

　일제 강점기의 노예생활, 독립운동, 광복, 정부수립, 전쟁, 혁명 등 파란만장한 역경을 딛고 일어선 우리이다. 이러한 어려움을 겪으며 이루어낸 복지국가를 꾸준히 유지하여 후대에 넘겨주어야 한다. 그런데 오늘날의 현실은 거짓이 진실을 뒤덮는 사회풍조로 혼란 속에 있다. 이를 어떻게 극복할 것인가.

　지난 70여 년 동안 불굴의 용사로서 이 땅에서 피땀 흘려 일한 모든 국민들은 번영의 주역이며 영웅이다. 이러한 과정에서 많은 사람들이 희생되면서 번영의 대가를 치루었다. 지금 살아가는 우리들은 이러한 선조들의 노고에 감사해야 한다. 그리고 더욱 좋은 나라로 발전시키려는 노력을 멈춰서는 안 된다. 나라가 기울어질 때는 국민의 정신이 해이해지고 사회풍조는 불로소득(不勞所得)이나 일확천금(一攫千金)을 노리는 한량들이 판을 치며, 부정부패(不正腐敗)가 만연하기 마련이다.

공든 탑

오늘 날의 세태는
젖과 꿀이 넘쳐흐르는
현대판 에덴동산이다.

먹고 마시자, 배가 터지도록
그리고 마음껏 쾌락에 취해 보자.

땀 흘려 일할 필요가 없다.
그냥 온 천지가 풍요롭고
신나게 노는 것으로 족하다.

골치 아프게 머리 쓸 것 없다
세월이라는 낭만의 파도 위에
넘실대는 물결 따라 그냥 흘러가자.

그런데 인생도 눈 깜짝할 사이
마지막 시간의 종이 울리고
한 생의 종점에 이른다.

사는 것, 그저 그런 것
이런들 저런들 좀 불편한 들
조금 참으면 어떻겠는가
왜 그리 피터지게 싸움을 하나.

선대의 피 흘려 쌓은 공든 탑이
선공무덕(善供無德)이 되어서야 …

소생

보라!
파릇 파릇 솟아 나오는
푸른 잎을
푸른 꿈을

거세게 몰아치던 바람을
매섭게 엄습하던 추위를
이겨낸
갸륵하고 조그만 잎

온갖 가시덤불 속에서
먼지가 뒤덮인 흙 속에서
불굴의 투쟁으로
살아 나오는
싱그러운 생명

이 조그만 잎 속에
가득 찬 용기가 있고
파란 마음의 희망이 서려 있다